Jordan, Marie Ennemont Camille (X 1855)

Mémoires d'analyse

Ecole polytechnique

Paris 1861-1889

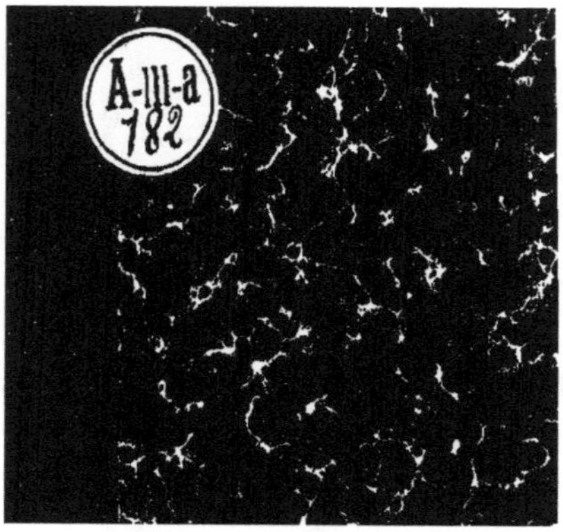
A-III-a
182

Jordan (Camille)

Mémoires d'analyse.

1° Sur le nombre des valeurs des fonctions.

2° Sur l'Equivalence des formes.

3° Sur les formes quadratiques.

Extrait des 38e 48e et 51e Cahiers du journal de l'Ecole Polytechnique

Paris. Bachelier 1860. Gauthier-Villars 1880, 1882

12

Jordan (Camille)

Sur le nombre des valeurs des fonctions

(Extrait du 38e cahier du journal de l'École Polytechnique

MÉMOIRE

SUR

LE NOMBRE DES VALEURS DES FONCTIONS,

Par M. Camille JORDAN,

Ingénieur des Mines, à Privas (Ardèche).

INTRODUCTION.

Si dans une fonction analytique de n lettres on permute ces lettres entre elles de toutes les manières possibles, on obtiendra en général $1.2.3...n$ fonctions différentes. Mais il pourra arriver que quelques-unes d'entre elles deviennent identiques, par suite de quelque symétrie que présente la fonction primitive. L'étude de ces diverses sortes de symétrie offre un grand intérêt : car c'est la base et le point de départ naturel de ce genre de recherches que M. Poinsot a distingué de tout le reste des mathématiques, sous le nom de *théorie de l'ordre :* elle présente en outre d'importantes applications. C'est dans le Mémoire où M. Cauchy a donné les premiers principes généraux de cette théorie, qu'il a établi pour la première fois les théorèmes fondamentaux sur les déterminants. Abel s'est appuyé sur elle pour établir l'irrésolubilité de l'équation générale du cinquième degré. Galois, dans un admirable Mémoire, en a fait dépendre, non-seulement les conditions de la résolution algébrique, mais la théorie entière des équations, considérée sous son point de vue le plus général, et la classification des irrationnelles algébriques.

La plupart des géomètres qui ont traité cette question, préoccupés par son application à la théorie des équations, ont cherché surtout à déterminer des minima pour le nombre des valeurs distinctes des fonctions de n lettres (*).

(*) Tout le monde connaît les travaux de MM. Bertrand et Serret dans cette voie : ils ont été résumés l'année dernière dans une thèse remarquable de M. Mathieu, à laquelle je renverrai pour cette partie de l'histoire du sujet, qu'on retrouve également dans l'*Algèbre supérieure* de M. Serret.

J'ai abordé le problème autrement, et dans toute sa généralité, en m'appuyant principalement sur les notions établies par M. Cauchy en 1845, dans les *Comptes rendus* de l'Académie des Sciences. Cette marche, inverse de la précédente, donne d'abord les fonctions les moins symétriques, qui sont les moins avantageuses dans les applications. Mais si l'on se borne à étudier le problème de la symétrie en lui-même, cette méthode, plus naturelle et plus directe, peut seule conduire aux véritables principes.

Voici l'analyse succincte de ce Mémoire.

Il sera divisé en cinq chapitres.

Dans le chapitre Ier, je reprends les fondements du sujet. J'établis le théorème de Lagrange et quelques autres principes généraux : la presque totalité de ce chapitre est empruntée à M. Cauchy. J'ai cru faire une chose utile en résumant ainsi ces travaux importants et fort peu connus.

Le chapitre II est consacré à une étude spéciale. Je démontre la propriété essentielle, déjà bien connue, des substitutions représentées par le symbole BAB^{-1}. Je cherche ensuite le nombre de solutions de l'équation $BAB^{-1} = A^{\alpha}$. J'en conclus l'existence de fonctions de mp lettres ayant $\theta . m^p . 1 . 2 \ldots p$ valeurs égales, en désignant par θ l'un quelconque des diviseurs du nombre μ des nombres premiers à m et moindres que lui.

Dans le chapitre III, j'aborde la question dans toute sa généralité. Je démontre successivement les théorèmes suivants :

1° Le problème se ramène au cas des fonctions transitives.

2° Soit T un système transitif, formé des substitutions P, Q, R, S, etc.... Soit Σ le système qui dérive des substitutions QPQ^{-1}, RPR^{-1}, etc... ; il ne contient en général qu'une partie des substitutions de T. S'il est intransitif, et que par ses substitutions la lettre a_1 ne puisse remplacer que les lettres $a_1, a_2, \ldots, a_m$, toutes les lettres se diviseront en groupes d'un égal nombre de lettres

$$\begin{array}{c} a_1 a_2 \ldots a_m, \\ b_1 b_2 \ldots b_m, \\ c_1 c_2 \ldots c_m, \\ \cdots\cdots \end{array}$$

tels, que toute substitution du système T résulte de la combinaison de déplacements d'ensemble entre les groupes, et de permutations des lettres de chaque groupe entre elles.

On pourrait voir une image de ce résultat dans le théorème de mécanique qui ramène le mouvement général d'un corps solide à un mouvement de translation, combiné avec une rotation autour du centre de gravité.

Ce principe du classement des lettres en divers groupes est le même dont Gauss et Abel ont déjà montré la fécondité dans la théorie des équations : il me semble être dans l'essence même de la question, et sert de fondement à toute mon analyse.

Voilà déjà le problème divisé en deux parties, suivant que cette décomposition en groupes est possible ou non. Je me bornerai quant à présent à l'étude de ce premier cas.

Je montre que le problème se réduit immédiatement, à moins qu'il n'existe des substitutions qui ne fassent subir aux lettres que des déplacements intérieurs aux groupes. Je les nomme substitutions *de seconde espèce*, par opposition à celles qui déplacent les groupes. Soient p, q, r,..., ces substitutions : j'établis le théorème suivant :

3° Si, parmi toutes les décompositions de l'ensemble des lettres en groupes, on a choisi l'une de celles qui donnent le minimum de lettres dans chaque groupe; si, en prenant pour point de départ les substitutions p, q, r,..., considérées seules, on divise les lettres de chaque groupe en sous-groupes, et de la manière qui donne à chaque sous-groupe le minimum de lettres, le nombre des lettres du groupe sera une puissance exacte p^m du nombre p des lettres du sous-groupe. Ces lettres pourront être distinguées les unes des autres par m indices, variant chacun de o à $p-1$, et choisis de telle sorte, que la série des lettres $a_{x,y,\alpha,\beta,\ldots}$ qui ont certains indices communs α, β,..., forment un sous-groupe, et que les divers sous-groupes obtenus en faisant varier les indices jusqu'ici constants α, β,..., jouissent de la propriété suivante : toute substitution de deuxième espèce résultera, en ce qui concerne les lettres du groupe des a, de la combinaison de mouvements d'ensemble de ces sous-groupes avec des mouvements intérieurs.

4° Dans toute décomposition des lettres en sous-groupes jouissant d'une pareille propriété, le nombre des lettres du sous-groupe est une puissance de $p = p^{\mu}$, et l'on en déduit μ manières différentes de décomposer le groupe en sous-groupes de p lettres.

Chapitre IV. Ces principes généraux posés, je montre que le problème se réduit immédiatement, s'il n'existe aucune substitution de seconde espèce qui laisse en repos quelqu'un des groupes. J'introduis alors ce principe nouveau, qui, joint au précédent, va donner d'importantes conséquences :

Si μ est le minimum du nombre de groupes dont une substitution de deuxième espèce déplace les lettres, que deux de ces substitutions soient telles, que le nombre des groupes ébranlés par toutes deux soit moindre que μ, elles sont échangeables.

Ier Cas particulier. S'il est impossible de trouver deux substitutions échangeables entre elles, qui amènent chacune une lettre telle que a à la place d'une même lettre a', les substitutions qui n'ébranlent que μ groupes auront une forme très-symétrique, que je détermine. Je me suis d'ailleurs peu appesanti sur ce cas.

IIe Cas. Si l'on écarte l'hypothèse restrictive qui a donné naissance au premier cas on arrive à ce remarquable théorème :

Toute substitution, parmi celles qui n'ébranlent que μ groupes, déplace toutes les lettres de ces groupes.

Je déduis de là la marche à suivre pour résoudre le problème ; et pour démontrer que le cas actuel est possible en général, j'établis ce nouveau théorème :

Soit S un système transitif de substitutions entre m lettres, et tel, que chacune de ses substitutions déplace toutes les lettres, il existe *un système réciproque* analogue, et échangeable avec lui.

IIIe Cas. J'écarte encore l'hypothèse restrictive suivante : Il est impossible de trouver trois systèmes de substitutions échangeables entre eux, parmi ceux qui n'ébranlent que μ groupes, et tels, que chacun d'eux permette de remplacer l'une par l'autre deux mêmes lettres a, a'. Avec cette réserve je démontre successivement les théorèmes suivants :

Toutes les substitutions qui n'ébranlent que μ groupes sont échangeables entre elles.

Le nombre des lettres du sous-groupe est une puissance n d'un nombre premier p. Ces lettres pourront être représentées par le symbole général $a_{x,y,z,\ldots}$, où les indices $x, y, z, \ldots$, en nombre n, peuvent varier chacun de 0 à $p-1$.

Les lettres du groupe, dont le nombre est une puissance exacte de celui des lettres du sous-groupe, seront représentées par le symbole

$$a_{x,y,z,\ldots,x',y',z',\ldots,x'',y'',z'',\ldots}$$

Enfin, pour représenter toutes les lettres, il faudra introduire un nouvel indice i, variant d'un groupe à un autre.

Cela posé, je démontre :

1° Que les substitutions qui n'ébranlent que μ groupes remplacent la lettre générale

$$a_{i,x,y,z,\ldots,x',\ldots}$$

par

$$a_{i,x+\alpha,y+\beta,z+\gamma,\ldots,x+\alpha',\ldots}$$

$\alpha, \beta, \gamma, \ldots, \alpha', \ldots$, étant des constantes qui ne dépendent que de i;

2° Que toute substitution de deuxième espèce remplace $a_{i,x,y,z,\ldots,x',\ldots}$ par $a_{i,x_1,y_1,z_1,\ldots,x'_1,\ldots}$, où l'on a

$$\left|\begin{array}{l} x_1 \equiv ax + by + cz \ldots + d \\ y_1 \equiv c'x + a'y + b'z \ldots + d' \\ z_1 \equiv b''x + c''y + a''z \ldots + d'' \\ \ldots\ldots\ldots\ldots\ldots\ldots\ldots\ldots \end{array}\right| \bmod p,$$

$$\left|\begin{array}{l} x'_1 \equiv a_1 x' + b_1 y' + c_1 z' + d_1 \\ y'_1 \equiv \ldots\ldots\ldots\ldots\ldots\ldots \\ z'_1 \equiv \ldots\ldots\ldots\ldots\ldots\ldots \\ \ldots\ldots\ldots\ldots\ldots\ldots\ldots\ldots \end{array}\right| \bmod p,$$

les coefficients des équations linéaires étant encore des constantes fonctions de i;

3° Que toute substitution du système T remplace $a_{i,x,y,\ldots,z',\ldots}$ par

$a_{I, x_1, y_1, \ldots, x'_1, \ldots}$, où l'on a cette fois

$$\left.\begin{array}{l} x_1 \equiv A x + B y + C z + A_1 x' + \ldots + D \\ y_1 \equiv C' x + A'_1 y + B' z + \ldots\ldots\ldots\ldots \\ \ldots\ldots\ldots\ldots\ldots\ldots\ldots\ldots\ldots\ldots \\ x'_1 \equiv \ldots\ldots\ldots\ldots\ldots\ldots\ldots\ldots \\ \ldots\ldots\ldots\ldots\ldots\ldots\ldots\ldots\ldots\ldots \end{array}\right| \bmod p,$$

A, B, C,..., D,..., I étant des fonctions de i.

On déduit de là une indication remarquable sur le nombre de substitutions que peut renfermer le système T. Si l'on imagine un nouveau système, défini par des équations linéaires analogues, où I, A, B,..., D... puissent prendre pour chaque valeur de i tous les systèmes de valeurs possibles, il contiendra évidemment toutes les substitutions du système T. Et par une généralisation aisée du théorème de Lagrange, on voit que son ordre doit être un multiple de celui de T.

Chapitre V. Pour tirer parti de ce résultat, je détermine l'ordre de ce nouveau système.

La fonction I de i est susceptible de 1, 2,..., i' valeurs distinctes, i' étant le nombre des indices i.

D, D',..., sont susceptibles de p valeurs distinctes relativement au module p, pour chaque valeur de i.

A, B, C,..., seraient également susceptibles de p valeurs pour chaque valeur de i; mais toutes ne sont pas admissibles : on doit rejeter tous les systèmes de valeurs qui annulent le déterminant

$$\left|\begin{array}{l} A\,B\,C\,A_1 \ldots \\ C' A' B' \ldots\ldots \\ \ldots\ldots\ldots\ldots \end{array}\right|$$

M étant le nombre des indices, je démontre que le nombre des valeurs distinctes qu'on peut attribuer à ces coefficients sans annuler le déterminant, est égal à

$$p^{\frac{M(M-1)}{2}}(p-1)(p^2-1)\ldots(p^M-1).$$

Et de là je déduis ce théorème, qui sert de conclusion à mon travail :

Sauf les deux exceptions signalées plus haut, le nombre des lettres du groupe doit être une puissance M d'un nombre premier p : et si i' est le nombre des groupes, le nombre des substitutions du système T considéré sera un diviseur de l'expression

$$1.2\ldots i'\left\{p^{\frac{M(M+1)}{2}}(p-1)(p^2-1)\ldots(p^M-1)\right\}^{i'}.$$

Je déduis ensuite de là une série de résultats plus particuliers (*).

CHAPITRE Ier.

PRÉLIMINAIRES.

L'opération qui consiste à changer l'ordre des lettres se nomme une *substitution*. Le nombre des substitutions différentes est $1.2\ldots n$, en y comprenant la substitution 1, qui laisse subsister l'ordre primitif.

(*) Je viens de retrouver tout dernièrement dans les œuvres de Galois l'énoncé de ce théorème, dont la démonstration fait l'objet du chapitre V.

Le nombre des systèmes de valeurs qu'on peut donner aux M^2 lettres d'un déterminant

$$\begin{vmatrix} a & b & c \\ \ldots & \ldots & \ldots \\ a_{M-1} & b_{M-1} & \ldots \end{vmatrix}$$

sans l'annuler par rapport à un module premier p, est égal à

$$p^{\frac{M(M-1)}{2}}(p-1)\ldots(p^M-1).$$

Il en donne la démonstration pour $M=2$: elle est fondée sur les imaginaires de la théorie des nombres, et je ne l'ai pas très-bien saisie. Celle que je donne au chapitre IV est tout à fait directe et générale.

J'ai complétement refondu la fin du chapitre IV, et généralisé le théorème final, pour l'étendre au second cas; son énoncé devient alors le suivant :

Soient m le nombre des lettres du sous-groupe, m^r celui des lettres du groupe, Km^p le nombre

Si la fonction a moins de $1 . 2 \ldots n$ valeurs, c'est qu'il y a des substitutions qui ne l'altèrent pas. Soient A et B deux d'entre elles. Désignons par AB la substitution résultante obtenue en les effectuant l'une après l'autre. AB laissera encore la fonction inaltérée.

On conclut de là que si A, B, C, sont des substitutions inaltérantes, toutes celles qu'on obtiendra en les effectuant successivement tant qu'on voudra, et dans un ordre quelconque, le seront aussi. Ainsi $A^{\alpha} B^{\beta} C^{\gamma} B^{\delta} \ldots$ le sera. Le système des substitutions A, B, C et de celles qui en dérivent ainsi, sera ce que M. Cauchy appelle un *système conjugué*. L'ordre du système sera le nombre des substitutions différentes qu'il contient (y compris la substitution 1).

Ainsi les substitutions inaltérantes forment toujours un système conjugué. Réciproquement, tout système conjugué peut être considéré comme le système des substitutions inaltérantes d'une certaine fonction qu'il est facile de former.

On se donne une expression dissymétrique par rapport aux n lettres $a, b, c \ldots$: celle-ci par exemple, $\alpha a + \beta b + \gamma c + \ldots$; puis on forme une fonction symétrique des valeurs que prend cette expression en y effectuant toutes les substitutions du système conjugué ; on prendra, par exemple, le produit $(\alpha a + \beta b \ldots)(\ldots)(\ldots)$. Cette fonction sera invariable par toutes les substitutions du système, qui ne font que permuter les facteurs les uns dans les autres ; car, si P, Q, R, ..., sont les substitutions du système conjugué et si l'on désigne par F_x ce que devient la fonction lorsqu'on y a

---

total : 1° on formera un système de substitutions, transitif et d'ordre m, entre m lettres ; 2° on formera le système S des substitutions qui lui sont permutables ; soit N l'ordre de ce dernier système ; 3° l'ordre du système total considéré sera un diviseur de $1 . 2 \ldots \mathrm{K} N^{p\mathrm{K}}$.

En appliquant ce théorème au troisième cas, on trouve, par le moyen du théorème du chapitre V, que l'ordre du système divise

$$1 . 2 \ldots \mathrm{K} \left\{ n^{\frac{r(r+1)}{2}} . (n-1)(n^2-1)\ldots(n^r-1) \right\}^{p\mathrm{K}},$$

le nombre m des lettres du sous-groupe étant égal à n^r, et n premier.

Cette limite est plus resserrée que celle de l'introduction ; il est aisé de voir que cette nouvelle expression divise la première ; pour cela il faudrait commencer par ramener les deux notations à l'identité.

effectué la substitution x, le produit sera représenté par $F_1 F_P F_Q$; après la substitution P il sera devenu $F_P F_{P^2} F_{QP} \ldots$ Mais les substitutions P, P^2, QP.... sont évidemment distinctes, et appartiennent toutes au système conjugué : ce sont donc les substitutions 1, P, Q,..., écrites dans un autre ordre. D'un autre côté toute autre substitution, altérant essentiellement les facteurs, altérera le produit.

Le problème de déterminer toutes les substitutions distinctes d'un système conjugué dérivé des substitutions A, B, C,..., est facile à résoudre.

On formera les substitutions

$$\begin{vmatrix} A^2 & AB & AC \ldots \\ BA & B^2 & BC \ldots \\ CA & CB & C^2 \ldots \end{vmatrix}.$$

Si quelqu'une d'entre elles est identique à l'une des substitutions primitives A, B, C, on la barre : puis, partant de celles qui restent, on forme le tableau

$$\begin{matrix} A^3 & A^2B & A^2C \ldots \\ ABA & AB^2 & ACB \ldots \\ \ldots & \ldots & \ldots \\ BA^2 & BAB & BAC \ldots \end{matrix}$$

Dans ce tableau, on barrera toutes celles des substitutions qui sont identiques à l'une des précédentes, et, partant de celles qui restent, on formera un nouveau tableau, et ainsi de suite; l'opération sera finie lorsque toutes les substitutions d'un tableau seront barrées.

On conçoit qu'en prenant successivement pour point de départ toutes les combinaisons possibles A, B, C,..., de substitutions, qui sont en nombre limité pour un nombre n de lettres, on pourrait former tous les systèmes conjugués possibles. Le problème du nombre de valeurs serait alors résolu, grâce à ce theorème, dû à Lagrange :

Le produit du nombre p des valeurs distinctes de la fonction par l'ordre q du système des substitutions inaltérantes $= 1.2 \ldots n$.

En effet, soient 1, A, B, C,..., ces q substitutions inaltérantes. Soit M une substitution qui n'appartienne pas à ce système. Les substitutions

$$M, \quad AM, \quad BM, \quad CM, \ldots,$$

produisent toutes la même altération, et sont évidemment distinctes. Soit N une substitution autre que les précédentes : les substitutions

$$N, \quad AN, \quad BN, \quad CN,$$

produiront la même altération et seront distinctes entre elles : de plus, elles seront distinctes des précédentes; car si l'on avait

$$AM = BN,$$

on aurait

$$N = (B^{-1}A)M,$$

ce qu'on ne peut admettre, car $B^{-1}A$ fait partie du système $1, A, B, C, \ldots$; N ferait donc partie du système

$$M, \quad AM, \quad BM, \ldots,$$

ce qui est contre l'hypothèse.

Continuant ainsi, on voit que chaque nouvelle valeur de la fonction pourra être obtenue par q substitutions différentes; ce qui démontre le théorème énoncé. Cette démonstration est, je crois, de M. Cauchy.

Voilà ainsi une méthode certaine pour résoudre le problème; mais il serait sans doute fort difficile d'en tirer quelque loi générale indépendante de n, et de plus les calculs sont impraticables. Une étude plus approfondie de la nature des substitutions est donc nécessaire.

Soient $a, b, c, \ldots,$ les n lettres de la fonction, A une substitution. Si on l'effectue, a sera remplacé par une autre lettre b, celle-ci par une lettre telle que c, etc., jusqu'à une lettre k, qui sera remplacée par a. Les lettres $abc\ldots k$, qui se remplacent ainsi en cercle, formeront un *cycle*. Si ce cycle comprend toutes les lettres, la substitution sera dite *circulaire*. Sinon, une lettre étrangère à ce cycle donnera naissance à un nouveau cycle $(a'b'\ldots)$. Il pourra de même y en avoir un troisième, un quatrième, etc. Si une lettre n'est pas déplacée, elle se remplace elle-même : son cycle n'a qu'une lettre. Toutes les lettres se partageront donc en cycles

$$ab\ldots k,\quad a'b'\ldots k',\quad a''b''\ldots,\quad \text{etc.}$$

Pour les mettre en évidence, j'emploierai indistinctement dans la suite l'une des deux notations suivantes :

$$A = \left|\begin{array}{c} ab\ldots k \\ a'b'\ldots k' \\ a''b''\ldots k'' \end{array}\right| \quad \text{ou} \quad A = \left|\begin{array}{c|c|c} a & a' & a'' \\ b & b' & b'' \\ \ldots & \ldots & \ldots \\ k & k' & k'' \end{array}\right|\ldots$$

Suivant le cas, l'une ou l'autre sera d'une écriture plus commode.

Si tous les cycles ont le même nombre de lettres, la substitution est dite *régulière*.

Effectuer la substitution A^m, c'est remplacer chaque lettre a par celle qui la suit de m rangs dans son cycle. L'ordre de la substitution A sera donc égal au plus petit multiple μ des degrés des cycles qui la composent; car A^μ sera la première des substitutions $A, A^2, \ldots, A^\mu$, qui remplace chacune des lettres, telles que a, par elle-même.

Si μ n'est pas une puissance d'un nombre premier, on pourra trouver dans la série $A\ldots A^\mu$ un système de substitutions dans chacune desquelles cette condition soit remplie, et d'où l'on puisse déduire toute la série.

En effet, soit Mp^α l'ordre de la substitution A, p étant un nombre premier qui ne divise pas M. L'ordre d'un cycle quelconque sera $Dp^{\alpha'}$, où D est un diviseur de M, et $\alpha' \lesseqgtr \alpha$. J'effectue A, M fois de suite. La première lettre du cycle considéré sera remplacée par la $M+1^{\text{ième}}$, à laquelle succédera la $2M+1^{\text{ième}}$, etc. On formera ainsi la suite des lettres qui se remplacent, en distinguant les lettres par l'indice du rang qu'elles occupaient dans le cycle

$$a_1,\quad a_{M+1},\quad a_{2M+1},\ldots,\quad a_{(p^{\alpha'}-1)M+1}.$$

Ici elle s'arrêtera, car $p^{\alpha'}M+1 \equiv 1 \bmod p^{\alpha'}D$.

De même la lettre a_2 donnera naissance au cycle suivant :

$$a_2,\quad a_{M+2},\ldots,\quad a_{(p^{\alpha'}-1)M+2}\ldots.$$

Ce cycle d'ordre $Dp^{\alpha'}$ donnera ainsi naissance à D cycles de degré $p^{\alpha'}$. L'ordre de la nouvelle substitution A^M sera donc p^α.

De même, en répétant p^α fois de suite A, le cycle $Dp^{\alpha'}$ donnera naissance à $p^{\alpha'}$ cycles de degré D; la substitution A^{p^α} sera donc d'ordre M.

Cela posé, je vais démontrer que de ces deux substitutions A^M et A^{p^α}, on pourra déduire A, et par suite toute la série $A, A^2, \ldots A^\mu$.

Effectuons ces deux substitutions successivement. Nous obtenons ainsi A^{M+p^α}. Mais $M+p^\alpha$ est premier à $\mu = Mp^\alpha$. On peut donc choisir un entier θ tel que $(M+p^\alpha)\theta \equiv 1 \bmod \mu$. On a alors $A^{(M+p^\alpha)\theta} = A$.

C. Q. F. D.

On pourra de même, si M est décomposable en facteurs premiers différents, décomposer la substitution d'ordre M, A^{p^α} en un système d'autres substitutions. Le théorème est donc démontré. Il a été donné pour la première fois par M. Cauchy, en 1845, ainsi que tout ce qui précède.

Cette décomposition des substitutions complexes en substitutions plus simples présente une grande analogie avec celle des nombres en facteurs premiers. Ainsi cette substitution ne peut être décomposée qu'en un seul système de facteurs distincts. En effet, pour extraire le facteur premier relatif à p^α, il faudra évidemment répéter A un nombre de fois $\mathfrak{M}.M$ multiple de M; on n'obtiendra donc ainsi que les substitutions qui se déduisent de A^M, et réciproquement on pourra en déduire celle-ci si $\mathfrak{M}$ n'est pas divisible par p. S'il l'est, $A^{\mathfrak{M}.M}$ sera une substitution plus simple que A^M, qui s'en déduit, mais qui ne peut servir à la reconstituer. En effet, dans ce cas on aura toujours

$$\theta.\mathfrak{M}.M \equiv \text{multiple de } pM \bmod \mu.$$

On peut encore dire que le produit ne change pas quand on change l'ordre des facteurs; car

$$A^m A^n = A^n A^m = A^{m+n}.$$

Réciproquement, on peut se demander quelles sont les conditions nécessaires pour qu'en renversant l'ordre dans lequel on effectue deux substitutions p et q, on n'altère pas le résultat final. Si ces conditions sont satisfaites, les deux substitutions seront dites échangeables. Les relations qui déterminent l'échangeabilité sont faciles à établir, et M. Cauchy les a données en 1845. Cette considération étant l'un des éléments essentiels de mon analyse, je traiterai d'abord ce problème par une méthode un peu plus directe, et en le généralisant. J'en déduirai une classe assez curieuse de systèmes conjugués, dont l'ordre dépend de la théorie des nombres; cela me donnera d'ailleurs l'occasion de mettre en lumière quelques-uns des principes dont je ferai usage, avant de les appliquer à l'étude du problème général.

CHAPITRE II.

SUR UNE CLASSE PARTICULIÈRE DE FONCTIONS.

Je me propose actuellement de résoudre le problème suivant :

Trouver les conditions nécessaires et suffisantes pour que la substitution B satisfasse à l'équation

$$A^m B = BA, \quad \text{ou} \quad BAB^{-1} = A^m.$$

Les substitutions telles que BAB^{-1} ont une relation simple et remarquable avec les substitutions A et B dont elles dérivent. Soient a_1 une lettre quelconque, a_2 celle qui la remplace lorsqu'on effectue la substitution A, b_1 et b_2 celles qu'elles remplacent respectivement en vertu de la substitution B. Je dis que la substitution BAB^{-1} amènera b_2 à la place de b_1.

En effet, la substitution B^{-1} amène b_2 à la place de a_2; mais on venait d'amener a_2 à la place de a_1 par la substitution précédente A; enfin a_1 s'était substitué à b_1 par la première substitution B. Donc b_2 arrive à la place qu'occupait primitivement b_1.

On a donc le théorème suivant fort important.

Théorème. On formera l'expression de la substitution BAB^{-1} en remplaçant dans l'expression de la substitution A, chaque lettre par celle qui la précède dans l'expression de la substitution B.

Soit, par exemple,

$$A = \begin{vmatrix} abc \\ de \\ f \end{vmatrix}, \quad B = \begin{vmatrix} abcd \\ fe \end{vmatrix},$$

on aura

$$BAB^{-1} = \begin{vmatrix} dab \\ cf \\ e \end{vmatrix}.$$

De ce théorème résulte immédiatement une première condition : il faut que m soit premier à l'ordre μ de la substitution A. Car $A^m = BAB^{-1}$ doit, en vertu de ce qui précède, être composée du même nombre de cycles, contenant chacun le même nombre de lettres, que la substitution A : propriété que j'exprimerai dans la suite d'une manière plus abrégée, en disant que ces deux substitutions sont semblables. Et d'un autre côté, si m n'était pas premier à μ, nous avons vu que quelques-uns des cycles de A se partageraient dans A^m en cycles d'un moindre nombre de lettres.

Cela posé, la condition essentielle à laquelle on doit satisfaire, toujours à cause du théorème précédent, est celle-ci : Si a_0, a_1 sont deux lettres qui se suivent dans A, et que a_0 soit précédé de b_0 dans B, a_1 devra y être précédé de la lettre b_m, qui vient la $m^{ième}$ après b_0 dans A : de même, si a_2 succède à a_1 dans A, il sera précédé dans B par b_{2m}, ..., etc. Donc tous les a seront précédés par les b. De même, si b_0 est précédé par c_0, tous les b seront précédés des c, etc.

De là résulte que tous les cycles de A dont quelque lettre se trouve dans B faire partie du même cycle que l'une des lettres a, contiennent tous le même nombre de lettres que celui des lettres a. Si donc la substitution A n'est pas régulière, mais se compose de cycles a, b, c ayant μ lettres, de cycles, a', b', c'... ayant μ' lettres, etc..., la substitution B se composera de cycles contenant les lettres a, b, c,..., d'autres cycles distincts des premiers, contenant exclusivement les lettres des cycles $a' b' c'$... etc. Il suffira évidemment de comparer isolément dans la substitution A les cycles a, b, c,...

avec ceux de B qui leur correspondent. Le problème est donc ramené au cas où la substitution A est régulière.

Soit

$$A = \begin{vmatrix} a_0 a_1 \ldots a_{\mu-1} \\ b_0 b_1 \ldots b_{\mu-1} \\ \ldots\ldots\ldots\ldots \\ k_0 k_1 \ldots k_{\mu-1} \end{vmatrix}.$$

On peut prendre à volonté les dernières lettres de celui des cycles de B qui finit par a_0, à condition qu'on les prenne toutes dans des cycles de A différents. Car si a_0 est précédé de b_β, tous les b devront être suivis des a dans la substitution B : donc le cycle a sera le premier dont une lettre reparaîtra lorsqu'on suivra en remontant la série des lettres du cycle. Sitôt que cela arrivera, tous les cycles de B qui contiennent les lettres a seront parfaitement déterminés, sans qu'il y ait jamais d'impossibilité.

En effet, soit, par exemple, $a_\alpha c_\gamma b_\beta a_0$ la fin du cycle considéré : puisque a_0 est précédé de b_β, a_α le sera de $b_{\beta+\alpha m}$, qui sera précédé de $c_{\gamma+\alpha m'}$, puisque b_β est précédé de c_γ. De même $c_{\gamma+\alpha m'}$ sera précédé de $a_{\alpha(1+m')}$; puis viendront successivement

$$b_{\beta+\alpha m(1+m')}, \quad c_{\gamma+\alpha m'(1+m')}, \ldots,$$

et la première lettre sur laquelle on retombera sera a_0. Car si l'on considère les indices x et y de deux lettres quelconques qui se suivent, ils sont liés par une équation linéaire $y = mx + p$. Ainsi, par exemple, l'indice d'une lettre b étant $\beta + x_1 = x$, celui de la lettre c qui la précède sera

$$y \equiv \gamma + m x_1 \equiv mx + (\gamma - m\beta) \bmod \mu.$$

Cette relation étant linéaire et m premier à μ, à chaque valeur de y correspond une seule valeur de x. Si donc, en suivant la série, on retombe sur c_γ, c'est qu'on était auparavant retombé sur b_β, et avant encore sur a_0.

Le cycle est donc complétement déterminé : s'il ne contient pas tous les a, soit a_1 l'un de ceux qu'il ne contient pas : le cycle qui se termine à a_1 se déterminera de proche en proche comme le précédent :

$$\ldots a_{\alpha+m'} c_{\gamma+m'} b_{\beta+m} a_1$$

et la première lettre qui se répétera sera encore a_1.

En continuant ainsi, on voit que tous les cycles de B qui contiennent les lettres $a, b, c, \ldots$ sont déterminés. Si a contient d'autres cycles que ceux qui entrent dans ce calcul, tels que

$$(d_0 d_1 \ldots d_{\mu-1}), \ldots (k_0 k_1 \ldots k_{\mu-1}),$$

on les considérera à part, et l'on pourra se donner de même arbitrairement la série des lettres qui précèdent d_0 jusqu'à ce qu'on retrouve un d, auquel cas tous les cycles de B qui contiennent les d seront parfaitement déterminés, etc....

On peut ainsi former chacune des substitutions cherchées qui satisfont à l'équation

$$BAB^{-1} = A^m.$$

Leur nombre est facile à trouver. En effet, soit p le nombre des cycles de A, μ le nombre des lettres de chacun, a_0 une lettre considérée en particulier, $N(p, \mu)$ le nombre cherché, fonction des deux variables p et μ. Il faut considérer isolément le nombre des substitutions dans lesquelles a_0 est précédé immédiatement par un autre a, le nombre de celles où une autre lettre arbitraire, étrangère au système a, se trouve interposée, de celles où deux lettres arbitraires sont interposées, etc....

1° Dans le premier cas, a_0 peut être précédé de l'une quelconque des lettres de la série $a_0 a_1 \ldots a_{\mu-1}$, ce qui donne μ cas différents. Dans chacun d'eux, il reste $p-1$ cycles de A qui ne sont assujettis à aucune condition, et qui donnent pour B un nombre de valeurs égal à $N(p-1, \mu)$: nombre total $\mu N(p-1, \mu)$.

2° S'il y a une lettre arbitraire interposée, elle peut être prise d'une manière quelconque parmi les $\mu(p-1)$ qui sont étrangères au groupe a. Celle qui la précède sera quelconque parmi les μ du cycle a : il restera $p-2$

cycles de A qui ne seront assujettis à aucune condition, et donneront $N(p-2, \mu)$ formes différentes de B : le nombre total sera

$$\mu^2(p-1)\,N(p-2, \mu).$$

3° S'il y a deux lettres arbitraires, la première, b_β, sera prise parmi les $(p-1)\mu$ qui sont étrangères au cycle a : la seconde parmi les $(p-2)\mu$ étrangères aux cycles a et $b\ldots$, etc. On aura

$$\mu^3(p-1)(p-2)\,N(p-3, \mu)$$

formes différentes pour B.

Continuant ainsi, on aura l'équation

$$\begin{gathered}N(p, \mu) = \mu N(p-1, \mu) + \mu^2(p-1)N(p-2, \mu)\\ + \mu^3(p-1)(p-2)N(p-3, \mu) + \ldots + \mu^p.(p-1)(p-2)\ldots 2.1.\end{gathered}$$

Posons

$$N(p, \mu) = F(p, \mu).\mu^p,$$

il vient

$$\begin{gathered}F(p, \mu) = F(p-1, \mu) + (p-1)F(p-2, \mu) + \ldots\\ + (p-1)(p-2)\ldots 2.1.\end{gathered}$$

Pour $p = 1$,

$$N(1, \mu) = \mu,$$

d'où

$$F(1, \mu) = 1,$$

quel que soit μ; et l'équation qui lie $F(p, \mu)$ à $F(p-1, \mu)$, $F(p-2, \mu)\ldots$ ne contenant pas μ explicitement, on conclura que $F(2, \mu), \ldots, F(p, \mu)$ sont indépendants de μ.

On pourra donc supposer $\mu = 1$. Mais alors la substitution A n'est autre que la substitution 1, entre p lettres : or une substitution quelconque B entre ces p lettres satisfait à la condition $B\,1\,B^{-1} = 1^m$. Le nombre des substitutions cherchées est donc en ce cas $1.2\ldots p$.

Donc en général le nombre des substitutions B qui satisfont à la condition voulue, est $\mu^p.1.2\ldots p$.

Soient maintenant B, C, D, toutes les diverses substitutions qui satisfont à une équation de la forme

$$BAB^{-1} = A^{m^r},$$

où r est une quantité variable qui peut prendre toutes sortes de valeurs. Les substitutions B, C, D, ... forment un système conjugué.

Soit en effet

$$\begin{array}{lcl} BAB^{-1} = A^{m^r} & \text{ou} & BA = A^{m^r}B \\ CAC^{-1} = A^{m^{r'}} & & \text{»} \\ DAD^{-1} = A^{m^{r''}} & & \text{»} \\ \ldots\ldots\ldots & & \end{array}$$

et soit $B^\alpha C^{\alpha'} D^{\alpha''}$ une substitution quelconque parmi celles qui dérivent de B, C, D. On aura

$$\begin{aligned} B^\alpha C^{\alpha'} D^{\alpha''} A &= B^\alpha C^{\alpha'} A^{m^{\alpha'' r''}} D^{\alpha''} \\ &= B^\alpha A^{m^{\alpha'' r'' + \alpha' r'}} C^{\alpha'} D^{\alpha''} \\ &= A^{m^{\alpha'' r'' + \alpha' r' + \alpha r}} B^\alpha C^{\alpha'} D^{\alpha''}. \end{aligned}$$

Donc $B^\alpha C^{\alpha'} D^{\alpha''}$ satisfera à l'équation

$$B^\alpha C^{\alpha'} D^{\alpha''} A \left(B^\alpha C^{\alpha'} D^{\alpha''}\right)^{-1} = A^{m^\rho},$$

en posant

$$\rho = \alpha r + \alpha' r' + \alpha'' r''.$$

Ce système sera donc conjugué, puisque toutes les substitutions qu'on en dérive ont la forme caractéristique du système. Il contiendra autant de fois $\mu^p . 1 . 2 \ldots p$ substitutions distinctes qu'il a de valeurs différentes de l'expression $m^r \bmod \mu$. Or si l'on appelle ϖ le nombre des entiers moindres que μ et premiers avec lui, on sait qu'en choisissant convenablement m, le nombre de ces valeurs différentes pourra être l'un quelconque des diviseurs de ϖ. Donc :

Théorème. Si $n = \mu p$, il existe des fonctions de n lettres ayant

$\theta\mu^p.1.2...p$ valeurs distinctes, θ étant l'un quelconque des diviseurs du nombre π des entiers premiers à μ et moindres que lui.

Le cas où $m = 1$ mérite une attention spéciale. Alors $\theta = 1$. L'ordre du système conjugué formé par les substitutions B échangeables à A est donc $\mu^p.1.2...p$.

CHAPITRE III.

THÉORÈMES GÉNÉRAUX.

Un système conjugué de substitutions est transitif, lorsque, en appliquant successivement toutes ces substitutions, on parvient à faire passer une des lettres à toutes les places. Il est évident que dans ce cas on pourra, par une substitution convenablement choisie dans le système, amener une lettre arbitraire à la place que l'on voudra.

Cette définition, due à M. Cauchy, est fort importante. Elle se retrouve dans l'application aux équations de la théorie des substitutions. Il est facile de voir, en effet, que la condition nécessaire et suffisante pour qu'une équation soit irréductible, est que le système conjugué qui lui correspond, et que Galois nomme son *groupe*, soit transitif.

Si l'on peut amener simultanément deux, trois lettres arbitraires à deux, trois... places prises à volonté, le système sera deux, trois... fois transitif.

Une fonction caractérisée par la condition de n'être pas altérée par un système de substitutions transitif, est dite *transitive*.

Si un système contenant N lettres n'est pas transitif, soient

$$a_1 a_2 \ldots a_m, \quad b_1 \ldots b_n, \quad c_1 \ldots$$

les lettres qui le composent. La lettre a_1 qui ne peut être amenée à toutes les places, pourra en occuper un certain nombre, par exemple celles qu'occupent actuellement $a_2 \ldots a_m$. Réciproquement, a_2 pourra être amené à la place de a_1, et par suite à toutes les places $a_1 a_2 \ldots a_m$. Le système sera dit *transitif* relativement à ces lettres. Si b_1 est une lettre que a_1 ne puisse remplacer, il y aura un autre groupe de lettres $b_1 \ldots b_n$, dont chacune pourra succéder à toutes les autres, etc.

Dans ce cas, il est évident que le nombre total des substitutions du système s'obtiendra en faisant le produit du nombre d'arrangements différents des lettres a entre elles que l'on peut obtenir, par le nombre des substitutions qui ne déplacent que les lettres b, c, etc., sans déranger les lettres a.

Le premier de ces nombres est l'ordre d'un certain système conjugué transitif de m lettres; le second, l'ordre d'un système conjugué de $(N - m)$ lettres.

Réciproquement, en considérant le cas particulier où les substitutions qui déplacent les lettres a sont tout à fait indépendantes de celles qui déplacent les autres lettres, on voit que le produit de l'ordre d'un système conjugué transitif quelconque de m lettres, multiplié par l'ordre d'un système conjugué quelconque de $N - m$ lettres, est susceptible de représenter l'ordre d'un certain système intransitif de N lettres.

On a donc le théorème suivant :

Théorème I. Le problème de déterminer les ordres de tous les systèmes conjugués possibles se réduit au cas où les systèmes sont transitifs.

Soit donc un système transitif T, dont les substitutions sont P, Q, R, S.... Soit P l'une d'elles, arbitraire. Je forme les substitutions

$$P, \quad QPQ^{-1}, \quad RPR^{-1}, \quad SPS^{-1}, \ldots,$$

toutes semblables à P, et je considère le système conjugué Σ qui en dérive. Dans toutes les substitutions de ce système la somme des exposants de chacune des lettres Q, R, S,..., est nulle. Ce système ne contiendra donc en général qu'une fraction des substitutions du système primitif T. Deux cas pourront alors se présenter : 1° ou bien ce nouveau système Σ sera lui-même transitif, quelle que soit la substitution P prise comme point de départ : 2° ou bien, ce qui est le cas le plus général, il ne sera plus transitif. C'est ce cas que je vais examiner.

Soient $a_1 a_2 \ldots a_m$ les lettres que a_1 peut remplacer en effectuant les substitutions du système Σ; b_1 une de celles que a_1 ne peut pas remplacer par ces substitutions. Il existera dans le système transitif T une substitution Q où a_1 remplace b_1. Soient $b_2 \ldots b_m$ les lettres que remplacent respectivement $a_2 \ldots a_m$, dans cette substitution Q. Les substitutions Σ étant respectivement

$$P, \quad QPQ^{-1}, \quad RPR^{-1}, \quad SPS^{-1}, \ldots,$$

formons les substitutions Σ' suivantes

$$Q(P)Q^{-1}, \quad Q(QPQ^{-1})Q^{-1}, \quad Q(RPR^{-1})Q^{-1}.$$

On sait qu'elles s'obtiendront en substituant à chaque lettre celle qui la précède dans Q. Donc, dans le système Σ', les lettres $b_1 b_2 \ldots b_m$ qui auront succédé aux a pourront se remplacer mutuellement, et ne pourront remplacer aucune autre lettre.

Mais il est évident que le système Σ', par sa loi même de formation, n'est autre que le système Σ écrit dans un autre ordre. Donc b_1 pourra par les substitutions Σ remplacer $b_1 b_2 \ldots b_m$ seulement. De même si c_1 est une autre lettre, elle sera la tête d'un troisième groupe de lettres $c_1 \ldots c_m$ que les substitutions Σ lui permettront de remplacer. D'ailleurs deux de ces groupes ne pourront avoir aucune lettre commune. En effet, supposons, par exemple, que $b_2 = a_3$. Les substitutions Σ permettent d'amener a à la place de $a_3 = b_2$. Mais ces mêmes substitutions permettent de remplacer b_1 par b_2 : elles permettraient donc de remplacer b_1 par a_3, ce qui est contre l'hypothèse.

Les lettres se diviseront ainsi en groupes de m lettres chacun : relativement aux lettres de chaque groupe, le système Σ est transitif; on voit de plus que dans toute substitution où une lettre a_1 est précédée d'une lettre b_1 d'un autre groupe, toutes les lettres du groupe a doivent être précédées de celles du groupe b ; car les substitutions Σ doivent permettre d'amener b_1 à la place de toutes les lettres qui précèdent les a, et l'on sait d'un autre côté qu'elles ne permettent de l'amener qu'à la place des lettres $b_1 \ldots b_m$.

Comme cas particulier, si dans une substitution de T une lettre a_1 remplace une lettre a_2 du même groupe, toutes les lettres du groupe se remplacent entre elles.

On peut conclure de tout cela le théorème fondamental suivant :

Théorème II. Soit un système transitif T, formé des substitutions P, Q, R, S, ...

Soit Σ le système dérivé des substitutions P, QPQ^{-1}, RPR^{-1}.

Si Σ est intransitif, et que par les substitutions de ce système la lettre a_1 ne puisse remplacer que les lettres $a_1 a_2 \ldots a_m$, toutes les lettres se diviseront en groupes d'un égal nombre de lettres

$$a_1 a_2 \ldots a_m,$$
$$b_1 b_2 \ldots b_m,$$
$$\ldots\ldots\ldots$$

jouissant des propriétés suivantes :

1° Les substitutions Σ amènent chaque lettre aux diverses places occupées actuellement par celles du même groupe.

2° Dans toute substitution T, si une lettre a_1 en remplace une autre du même groupe, toutes les lettres de ce groupe se remplacent entre elles : si a_1 remplace une lettre b_1 d'un autre groupe, toutes les lettres du groupe a succèdent à celles du groupe b.

Donc toute substitution T pourra s'obtenir en combinant deux sortes d'opérations : 1° des permutations d'ensemble entre les groupes, considérés chacun comme d'une seule pièce ; 2° des permutations intérieures à chaque groupe, entre les lettres qui le composent.

Parmi toutes les décompositions imaginables des lettres en groupes jouissant de la propriété 2°, je choisis l'une de celles où le nombre des lettres de chaque groupe est minimum.

Ou bien, dans toute substitution du système, quelques-uns des groupes seront déplacés : en ce cas, le nombre des substitutions distinctes sera le même que si chaque groupe était composé d'une lettre unique, et que le système ne contînt que $\frac{N}{m}$ lettres. Le problème est donc réduit.

Ou bien il existera deux espèces de substitutions bien distinctes : 1° celles où quelques groupes se permuteront entre eux ; 2° celles où, tous les groupes restant immobiles, les déplacements des lettres s'effectuent exclusivement dans leur intérieur.

En ce cas, le nombre des substitutions distinctes du système est évidemment égal au produit du nombre des positions différentes qu'on peut donner aux groupes, par le nombre des substitutions de seconde espèce. Mais ce dernier nombre n'est pas facile à évaluer généralement; ces substitutions doivent donc être étudiées de plus près.

Soient p, q, r les substitutions de seconde espèce, considérées seules. Si l'on prend l'une d'elles p, et qu'on forme les substitutions

$$p, \quad PpP^{-1}, \quad QqQ^{-1}, \ldots,$$

et le système dérivé Σ qui en découle, on remarquera : 1° que toutes ces substitutions sont de seconde espèce; 2° que le système Σ devra être transitif relativement aux lettres d'un même groupe; sinon, on pourrait former des groupes contenant moins de lettres que les préposés.

Je forme maintenant le système σ, dérivé des seules substitutions

$$p, \quad qpq^{-1}, \quad rqr^{-1} \ldots.$$

Ce nouveau système ne renfermera qu'une partie des substitutions Σ. Il se peut qu'il cesse d'être transitif relativement à toutes les lettres d'un même groupe. Alors les lettres d'un même groupe pourront se décomposer en sous-groupes du même nombre de lettres, et tels :

1° Que le système σ soit transitif relativement aux lettres d'un même sous-groupe;

2° Que dans toute substitution du système p, q, r, ..., si une lettre a_1 remplace une lettre a'_1, toutes les lettres du sous-groupe dont a_1 fait partie remplacent celles du sous-groupe de a'.

La démonstration est identique à celle du théorème fondamental.

Lemme I. Si, en prenant successivement pour point de départ plusieurs substitutions p, q, on arrive à plusieurs décompositions diverses des lettres en sous-groupes satisfaisant aux conditions précédemment énoncées, qu'un certain nombre de lettres $a_1 \ldots a_\mu$ se trouvent faire partie d'un même sous-groupe dans chacune de ces décompositions, on pourra en déduire une décomposition nouvelle en sous-groupes dont l'un sera $a_1 \ldots a_\mu$.

La démonstration est encore celle du théorème fondamental : je la reprends pourtant brièvement.

Les lettres $a_1 \ldots a_\mu$, jouissent exclusivement de la propriété de pouvoir remplacer a_1, à la fois par des substitutions du système A dérivé de

$$p, \quad qpq^{-1}, \quad rqr^{-1} \ldots,$$

et par des substitutions du système B, dérivé de

$$q, \quad pqp^{-1}, \quad rqr^{-1} \ldots.$$

Soit b_1 une lettre qui ne soit pas du nombre des $a_1 \ldots a_\mu$; soit s une substitution qui amène a_1 à la place de b_1, et en même temps $a_2 \ldots a_\mu$ à la place de $b_2 \ldots b_\mu$.

Je forme les systèmes

$$\begin{array}{lll} A' & \text{dérivé de} & sps^{-1}, \quad s(qpq^{-1})s^{-1}, \ldots, \\ B' & \text{dérivé de} & sqs^{-1}, \quad s(pqp^{-1})s^{-1} \ldots. \end{array}$$

Dans ces systèmes, $b_1 \ldots b_\mu$ joueront le rôle que jouaient dans A et B les $a_1 \ldots a_\mu$, et auront de même exclusivement la propriété de succéder à b_1 à la fois par des substitutions A′ et par des substitutions B′.

Mais il se trouve que les systèmes A′, B′ se confondent avec les systèmes A, B : donc les lettres du groupe se décomposent toutes en sous-groupes

$$a_1 \ldots a_\mu, \quad b_1 \ldots b_\mu, \quad c_1 \ldots c_\mu,$$

jouissant de cette propriété que les lettres de chaque sous-groupe soient les seules qui puissent remplacer l'une d'elles à la fois par les substitutions A et par les substitutions B : alors il est aisé de voir que deux de ces sous-groupes ne sauraient avoir de lettre commune, et que si deux lettres de deux sous-groupes se suivent dans une des substitutions $p, q, r, s, \ldots$, toutes les lettres de l'un des sous-groupes suivront celles de l'autre.

Lemme II. J'admets qu'en partant de la substitution p on ait trouvé une décomposition en sous-groupes

$$(a_1 \ldots a_m), \quad (b_1 \ldots b_m), \quad (c_1 \ldots c_m) \ldots (k_1 \ldots k_m),$$

puis que, partant d'une autre substitution q, on obtienne une autre décomposition, où l'un des sous-groupes soit $a_1\, b_1\, c_1 \ldots k_1$.

Les sous-groupes commençant par $a_2 \ldots a_m$ dans cette décomposition renfermeront chacun une des lettres b, une des lettres $c, \ldots$, une des lettres k.

En effet, la lettre a_1 peut succéder en vertu des substitutions dérivées de

$$q, \quad pqp^{-1}, \quad rqr^{-1}, \ldots,$$

à $b_1\, c_1 \ldots k_1$. Mais lorsque a_1 succède à b_1, a_2 succède à l'une des lettres b. Donc les lettres auxquelles a_2 peut succéder en vertu de ces substitutions, contiennent une lettre b. De même, elles contiennent une lettre c, etc.

Lemme III. L'hypothèse est la même que dans le lemme II. On peut obtenir une décomposition nouvelle en sous-groupes, dont l'un soit formé de l'ensemble des lettres

$$(a_1 \ldots a_m, \quad b_1 \ldots b_m \ldots k_1 \ldots k_m).$$

En effet, ces lettres jouissent exclusivement de la propriété de pouvoir succéder à l'une d'elles a_1 par les substitutions dérivées de l'ensemble de celles-ci :

$$\begin{vmatrix} p & qpq^{-1} & rpr^{-1} \ldots \\ q & pqp^{-1} & rqr^{-1} \ldots \end{vmatrix},$$

et si A est une lettre différente de celles-là, on pourra appliquer exactement le même mode de démonstration que tout à l'heure, pour établir que A sera la tête d'un sous-groupe de lettres jouissant d'une propriété analogue ; puis on verra que ce nouveau sous-groupe ne peut avoir aucune lettre commune avec le premier, etc.

Remarque. La démonstration de ces deux derniers lemmes ne suppose aucunement que les lettres $b_1 \ldots k_1$, auxquelles a_1 peut succéder en vertu du système

$$q \quad pqp^{-1} \quad rqr^{-1},$$

soient toutes, ou en partie, différentes des lettres $a_1 \ldots a_m$, quoique je l'aie admis dans l'écriture.

Lemme IV. Mais il résulte du lemme II que si elles font toutes partie de la série $a_1 \ldots a_m$, il en sera de même des lettres auxquelles a_2, $a_3, \ldots$ pourront succéder.

Théorème III. Je suppose, comme précédemment, que j'aie choisi l'un des groupes qui contiennent le nombre de lettres minimum.

Je prends successivement toutes les substitutions de seconde espèce, $p, q, r, \ldots$, pour point de départ d'une division en sous-groupes.

Je déduis, si cela est possible, du lemme I, des sous-groupes ne contenant qu'une partie des lettres des précédents. Et parmi toutes les décompositions en sous-groupes ainsi obtenues, je prends l'une de celles où les sous-groupes contiennent un nombre de lettres minimum.

Le nombre des lettres du groupe sera une puissance exacte du nombre des lettres de ce sous-groupe.

Démonstration. Soient

$$\left|\begin{array}{l}(a \ldots a_{m-1})\\ (a' \ldots a'_{m-1})\\ \ldots\ldots\ldots\\ (b \ldots b_{m-1})\\ \ldots\ldots\ldots\end{array}\right|.$$

les divers sous-groupes de la décomposition considérée.

Dans les substitutions de seconde espèce, les lettres d'un sous-groupe seront toujours suivies par les lettres d'un sous-groupe. Parmi les substitutions de première espèce, il doit s'en trouver au moins une P pour laquelle cette condition ne soit pas satisfaite, à moins que les lettres du groupe ne forment un seul sous-groupe.

Soient donc $a\, a_1 \ldots a_{m-1}$ les lettres d'un sous-groupe, qui seront précédées dans P par des lettres de sous-groupes différents : en formant le système

$$PpP^{-1}, \quad PqP^{-1} \ldots,$$

qui se trouve être identique au système

$$p, \quad q, \quad r, \ldots,$$

on voit que ce système admettra une nouvelle décomposition en sous-groupes de m lettres chacun, et autrement composés que les précédents; car les lettres qui sont suivies dans P par les $a a_1 \ldots a_{m-1}$, forment un de ces nouveaux sous-groupes.

Je considère dans cette seconde décomposition le sous-groupe dont a fait partie. Toutes les lettres de ce sous-groupe appartiennent à des sous-groupes différents de la première décomposition : car 1° si ce sous-groupe était identique à l'un des anciens sous-groupes, il en serait de même de tous les autres; 2° et si une partie seulement de ses lettres appartenait à un sous-groupe de l'ancienne décomposition, le lemme I permettrait de déduire de leur comparaison une troisième décomposition, où les sous-groupes contiendraient moins de lettres, ce qui est contre l'hypothèse.

Soient donc $a\, a' \ldots a^{m-1}$ les lettres de ce nouveau sous-groupe,

$$(a\, a_1 \ldots a_{m-1}),\quad (a' a'_1 \ldots a'_{m-1}) \ldots \left(a^{m-1} \ldots a^{m-1}_{m-1}\right)$$

les anciens sous-groupes qui contiennent ces lettres. On pourra (lemme III) effectuer une décomposition D en sous-groupes de m^2 lettres, dont l'un sera

$$\left| a \ldots a_{m-1} a' \ldots a^{m-1}_{m-1} \right|.$$

Ou bien le groupe sera épuisé par ces m^2 lettres, ou bien il existera une substitution P telle, que les lettres de l'un de ces sous-groupes de m^2 lettres soient précédées de lettres appartenant à des sous-groupes différents; dans ce cas, il y aura une décomposition D′ en sous-groupes de m^2 lettres, différente de la précédente, et qui, comme celle-ci, résultera de la combinaison de deux décompositions en sous-groupes de m lettres.

Parmi ces deux nouvelles décompositions, l'une au moins sera telle, que les lettres qui sont dans le même sous-groupe que a appartiendront toutes à des sous-groupes différents de la décomposition D. Et d'abord, si une partie seulement de ces lettres appartenait à un même sous-groupe de D, le lemme I permettrait d'en déduire une décomposition en sous-groupes de moins de m lettres.

Il faudrait donc admettre que les lettres qui, dans chacune de ces deux décompositions nouvelles, sont dans le même sous-groupe que a, fissent partie des lettres $\left(a \ldots a_{m-1} \ldots a_{m-1}^{m-1}\right)$. Mais alors (lemme IV), dans chacune de ces deux décompositions, chaque sous-groupe où entre l'une des lettres $\left(a \ldots a_{m-1} \ldots a_{m-1}^{m-1}\right)$ en est exclusivement formé. La combinaison des deux décompositions nouvelles donnera donc un sous-groupe de m^2 lettres identique à $\left(a \ldots a_{m-1}^{m-1}\right)$, sauf l'ordre des lettres qui sera peut-être changé, ce qui n'a pas d'importance. De l'identité de ce nouveau groupe à l'un des anciens, on conclurait l'identité de tous les nouveaux groupes aux anciens, ce qui est contre l'hypothèse.

Il est donc démontré qu'il existe une décomposition en sous-groupes de m lettres où a se trouve avec des lettres nouvelles, appartenant toutes à des sous-groupes différents de D. Combinant cette nouvelle décomposition avec D, d'après le lemme III, on a une décomposition Δ en sous-groupes de m^2 lettres.

Si ces m^2 lettres n'épuisent pas le groupe total, on raisonnera identiquement de même pour s'élever à la puissance m^3....

Le théorème est donc démontré. On peut, en choisissant une notation convenable, le représenter très-nettement. Soit m le nombre des lettres du sous-groupe, $n = m^p$ le nombre des lettres du groupe. Pour les distinguer les unes des autres, on les représentera par une lettre a affectée de p indices, qui varieront chacun de 0 à $m - 1$. En choisissant convenablement les indices correspondant aux diverses lettres, on pourra donner au théorème l'énoncé suivant :

Soit $a_{x,y,z\ldots}$ le symbole général des lettres du groupe. On pourra le décomposer de p manières en sous-groupes de m lettres, tels, que les lettres d'un même sous-groupe s'obtiennent en attribuant à $p - 1$ indices des valeurs déterminées et faisant varier le $p^{\text{ième}}$, et qu'on passe d'un sous-groupe à un autre en faisant varier les $(p - 1)$ indices qu'on avait jusque-là laissés fixes.

En combinant entre elles ces p décompositions, on a ce résultat plus général : fixons par la pensée un certain nombre d'indices, $z, \ldots$, puis faisons varier les autres de toutes les manières possibles ; on aura un faisceau de lettres. Faisons maintenant varier ces indices d'abord fixes $z, \ldots$, on aura une série de faisceaux. Il existe une décomposition des substitutions de seconde espèce dont ces faisceaux soient précisément les sous-groupes.

Il peut se faire qu'en dehors des décompositions précédentes il en existe d'autres. Ce cas doit être prévu et discuté.

Dans cette nouvelle décomposition, je considère un nouveau sous-groupe en particulier. Il aura au moins deux lettres communes avec le groupe entier dans tous les cas, et peut-être avec quelques-uns des anciens sous-groupes. Parmi ces derniers, je considère un de ceux qui renferment le moins de lettres. Il sera, par exemple, $a_{\alpha_0,\beta_0,x,y,z}$, α_0, β_0 étant les indices constants, x, y, z variables. Il existe (lemme I) une décomposition δ, dont un sous-groupe renferme exclusivement les lettres communes à cet ancien sous-groupe et au nouveau. Donc le nombre des lettres communes doit être au moins égal à m, qui est par hypothèse le minimum du nombre de lettres qu'un sous-groupe puisse renfermer. D'ailleurs, s'il y avait plus de m lettres communes, il y en aurait au moins deux pour lesquelles x prendrait une même valeur x_0 : le nouveau sous-groupe aurait donc deux lettres communes au moins avec le sous-groupe $a_{\alpha_0,\beta_0,x_0,y,z}$ où les indices y, z sont seuls variables, et qui contient par suite moins de lettres que le précédent ; cela est contraire à l'hypothèse.

Il y a donc exactement m lettres communes, représentées par les symboles

$$\mathrm{A}\left|\begin{array}{l} a_{\alpha_0,\beta_0,x_0,y_0,z_0} \\ a_{\alpha_0,\beta_0,x_1,y_1,z_1} \\ \dots\dots\dots \end{array}\right|,$$

où les x_0, x_1, x_2 sont assujettis à être tous différents les uns des autres ; de même pour les $y_0 y_1, \dots$, les $z_0 z_1 \dots$

Soit $a_{\alpha_0,\beta_0,x'_0,y'_0,z'_0}$ une lettre de l'ancien sous-groupe qui ne fasse pas partie du faisceau A des lettres communes. La substitution qui l'amène à la place de $a_{\alpha_0,\beta_0,x_0,y_0,z_0}$ remplacera le faisceau A par un nouveau faisceau A', dont toutes les lettres appartiendront à l'ancien sous-groupe $a_{\alpha_0,\beta_0,xyz}$

$$\mathrm{A}'\left|\begin{array}{l} a_{\alpha_0,\beta_0,x'_0,y'_0,z'_0} \\ a_{\alpha_0,\beta_0,x'_1,y'_1,z'_1} \\ \dots\dots\dots \end{array}\right|.$$

De plus, tous les indices $x'_0\, x'_1\, x'_2$ seront différents les uns des autres ;

car s'ils ne l'étaient pas, que $x'_0 = x'_1$, par exemple, on aurait $x_0 = x_1$. De même les $y'_0 y'_1 \ldots$ seront tous différents les uns des autres, etc.

Mais il existe une décomposition δ dont A est un sous-groupe : A' en sera donc un autre; d'où l'on arrive à conclure que cette substitution δ divisera le sous-groupe $a_{\alpha,\beta,x,y,z}$ en sous-groupes moindres A, A', A'' jouissant de la propriété suivante : Deux lettres appartenant à un même sous-groupe A'' différeront nécessairement par tous les indices variables x, y, z. En d'autres termes, elles ne peuvent faire partie d'un ancien sous-groupe contenant moins de lettres que le sous-groupe $a_{\alpha,\beta,x,y,z}$.

Si l'on considère un autre sous-groupe $a_{\alpha,\beta,xyz}$ et la substitution qui le met à la place du sous-groupe $a_{\alpha,\beta,x,y,z}$ on verra de même que la décomposition δ le divisera en sous-groupes A_1, A'_1, $A''_1, \ldots$ jouissant de la même propriété.

Je vais maintenant démontrer le théorème suivant :

Théorème IV. Le nombre des lettres du nouveau sous-groupe est nécessairement une puissance de m.

Soit μ le nombre d'indices variables dans l'ancien sous-groupe $a_{\alpha,\beta,x,y,z}$, le moins considérable parmi ceux qui ont m lettres communes avec le nouveau sous-groupe.

1° Tous les sous-groupes formés par la variation de μ indices seulement ont 1 ou m lettres communes avec le nouveau sous-groupe.

2° S'il y a m lettres communes, chacun des indices, z par exemple, y prendra une fois chacune des m valeurs $0, 1, \ldots, m-1$.

Je vais établir que, lorsque pour un nombre μ' d'indices variables les conditions plus générales suivantes sont toujours remplies, elles le seront toujours pour un nombre d'indices variables $\mu' + 1$.

1° Tous les sous-groupes à μ' indices variables auront 1 ou m^p lettres communes avec le nouveau sous-groupe.

2° Chacun des indices qui varient dans les lettres communes prendra chacune des m valeurs $0, 1, \ldots, (m-1)$.

Soit, en effet, un groupe à μ' indices variables $a_{\alpha,\beta,\nu,xyz}$: deux cas peuvent se présenter :

1° Ce sous-groupe a m^φ lettres communes avec le nouveau ;

2° Il en a une seulement, qui sera $a_{\alpha,\beta,\nu,x_0 y_0 z_0}$.

Ier Cas. Je fais varier un indice de plus, ν par exemple : deux cas se présentent encore.

Le nombre des lettres communes n'a pas augmenté : dans ces lettres communes, l'indice ν n'a qu'une valeur ν_0 ; et ceux qui ont plusieurs valeurs prennent par hypothèse toutes celles de la série $0, 1, \ldots, (m-1)$ Les conditions sont encore satisfaites.

Ou bien il y a une lettre commune de plus : soit $a_{\alpha,\beta,\nu_1 x_1 y_1 z_1}$ cette lettre. En choisissant l'indice z parmi ceux qui variaient dans les diverses lettres communes lorsque ν était encore à sa valeur initiale ν_0, on aura une autre lettre commune où $\nu = \nu_0$, $z = z_1$. Soit cette lettre $a_{\alpha,\beta,\nu_0 x_0 y_0 z_1}$.

Le sous-groupe $a_{\alpha,\beta,\nu xyz_1}$, où l'on donne à z la valeur fixe z_1, a μ' indices variables, ν, x, y ; donc, par hypothèse, l'indice ν, qui prend les deux valeurs ν_0 et ν_1 dans les lettres communes à ce sous-groupe et au nouveau, y prendra toutes les valeurs $0, 1, \ldots, (m-1)$: à fortiori cela aura lieu pour le sous-groupe $a_{\alpha,\beta,\nu xyz}$, à $\mu' + 1$ indices variables, qui contient toutes les lettres de celui-ci.

Or, s'il y a m^φ lettres communes dans lesquelles l'indice ν conserve sa valeur initiale ν_0, il y en aura m^φ dans lesquelles il prendra sa valeur $\nu_1, \ldots$ Soit en tout $m^{\varphi+1}$.

Je considère en effet la substitution p qui fait succéder $a_{\alpha,\beta,\nu_1 x_1 y_1 z_1}$ à $a_{\alpha,\beta,\nu_0 x_0 y_0 z_1}$. A chacune des m^φ lettres où $\nu = \nu_0$, elle fera succéder des lettres où $\nu = \nu_1$. Mais cette substitution remplaçant une des lettres communes par une autre, et ces lettres formant un sous-groupe, elles se remplaceront toutes les unes les autres. Donc les m^φ lettres où $\nu = \nu_1$ sont également des lettres communes.

(Il pourrait arriver qu'il y eût des indices, tels que x, qui conservassent la même valeur x_0 dans toutes les lettres communes au nouveau sous-groupe et à celui-ci $a_{\alpha,\beta,\nu,xyz}$, et qui, au contraire, prennent plusieurs valeurs x_0,

$x_1, \ldots$ dans les lettres communes au nouveau sous-groupe et à celui-ci $a_{\nu,\beta,\nu x,y z}$; on démontre que x prend en ce cas toute la série des valeurs o, 1, ..., $(m-1)$, exactement comme pour ν. Le théorème est donc entièrement démontré dans ce cas-là.)

IIe Cas. La démonstration est alors fort simple :

Si la variation de l'indice ν_0 fait qu'il y a plusieurs lettres communes au lieu d'une, il y en aura m au moins : mais il n'y en aura pas davantage, sans quoi il y en aurait plusieurs pour une même valeur ν_0. En outre, ν doit prendre toutes les valeurs o, 1, ..., $(m-1)$, qui ne sont qu'au nombre de m.

Si x est un autre indice, qui varie de l'une à l'autre de ces m lettres communes, il prendra m valeurs o, 1, ..., $(m-1)$; car, sans cela, à une même valeur x_0 correspondraient des lettres communes au sous-groupe $a_{\alpha,\beta,\nu x,y z}$ et au nouveau sous-groupe, dont le nombre serait >1 et $<m$, ce qui n'est pas admissible.

En faisant varier à chaque fois un indice de plus, on s'élèvera finalement jusqu'au groupe total, en conservant toujours les deux propriétés fondamentales. Mais alors toutes les lettres du nouveau sous-groupe sont communes : leur nombre est donc une puissance exacte de $m = m^q$.

Théorème V. Ce nouveau sous-groupe pourra être décomposé en sous-groupes de m lettres de q manières différentes.

Je considère le groupe entier, en donnant à ses lettres leur notation. On pourra les représenter toutes par le symbole

$$a_{xyz,x'y'z',x''y''z'',\ldots}$$

Ces lettres contiendront parmi elles les m^q lettres du nouveau sous-groupe. Soit $a_{x,y,z,x',\ldots}$ l'une d'elles. Je suppose que le sous-groupe formé en laissant aux indices variables x, y, z leur valeur actuelle x_0, y_0, z_0 contienne encore les m^q lettres; que si, de plus, on fixe x' à sa valeur initiale x'_0, le sous-groupe ne contienne plus que m^{q-1} de ces lettres; qu'il continue à les contenir tant qu'on ne fixera que $y \ldots$; qu'il n'en contienne plus que m^{q-2} quand on fixera de plus l'indice $x'' \ldots$.

Si l'on fixe les q indices x', x'', ..., x^q, le sous-groupe restant ne contiendra plus qu'une des m^q lettres. Si $q - 1$ de ces indices restent fixes, le sous-groupe en contiendra évidemment m. Or ces m lettres qu'il contiendra seront différentes lorsque l'indice qui reste variable est différent. En effet, si le sous-groupe obtenu en fixant les indices $x', x'', \ldots, x^{q-1}$ contenait les mêmes m lettres que celui obtenu en fixant les indices $x'', \ldots, x^q$, le sous-groupe obtenu en fixant tous les indices $x', x'', \ldots, x^q$ contiendrait aussi ces m lettres, ce qui est contre l'hypothèse.

Il y a donc q manières différentes de trouver dans le nouveau sous-groupe m lettres communes avec l'un des anciens. Ce résultat étant rapproché du lemme I, le théorème se trouve démontré.

CHAPITRE IV.

FORME GÉNÉRALE DES SUBSTITUTIONS.

Soient n le nombre des groupes, p le nombre des lettres de chacun d'eux, ν le nombre des substitutions de première espèce, π celui des substitutions de deuxième espèce. Si chacune de ces dernières substitutions déplace des lettres dans tous les groupes, leur nombre sera le même que s'il n'y avait qu'un seul groupe. Ce sera donc l'ordre d'un certain système conjugué de p lettres. Mais ν est l'ordre d'un certain système conjugué de n lettres. Donc l'ordre du système proposé sera le produit des ordres de deux systèmes contenant respectivement, l'un p, l'autre n lettres.

D'ailleurs il est bien facile de voir que, réciproquement, d'un système conjugué quelconque de p lettres et d'ordre π, et d'un système de n lettres et d'ordre ν, on peut déduire un système conjugué de pn lettres et d'ordre $\pi\nu$. Pour cela, on divise les pn lettres en n groupes

$$(a_1 a_2 \ldots a_p), \quad (b_1 \ldots b_p), \ldots, \quad (k_1 \ldots k_p).$$

On pourra former avec les p lettres $a_1, a_2, \ldots, a_p$ un système conjugué d'ordre π. Imaginons qu'en même temps qu'on opère sur les a les substitutions de ce système, on en opère de semblables sur les b, sur les c, sur les k. On aura formé un système de substitutions intérieures aux groupes, qui sera d'ordre π, et symétrique par rapport à ces divers groupes. Toute permutation d'ensemble des n groupes les uns dans les autres, non accompagnée de déplacements intérieurs, sera donc échangeable à chaque substitution de ce système. On n'a donc qu'à former, entre ces n groupes, un système de substitutions d'ordre ν. En le combinant avec le précédent, on aura un système d'ordre $\pi\nu$.

Il résulte de là que, dans le cas qui nous occupe, le problème se trouve ramené à deux problèmes semblables, entre un moindre nombre de lettres; à savoir : déterminer les nombres susceptibles de représenter l'ordre d'un système de substitutions, pour des nombres de lettres respectivement égaux à p et n. Il n'y a donc pas lieu de s'arrêter plus longtemps sur ce cas, où le problème est complétement réduit.

Je passe au second cas, où quelques substitutions de seconde espèce laissent en repos les lettres dans l'intérieur de quelques groupes. Soit μ le nombre des groupes ébranlés intérieurement par une des substitutions qui laissent ainsi le plus de groupes en repos.

Principe. Deux substitutions de seconde espèce telles, que le nombre de groupes qu'elles ébranlent toutes deux soit inférieur à μ, sont échangeables.

En effet, soient A et B ces deux substitutions. Je forme la substitution

$$ABA^{-1}B^{-1}.$$

Soit G un groupe que A ébranle, mais que B n'ébranle pas. La substitution A déplacera les lettres de G. La substitution B sera sans influence. La substitution A^{-1}, effectuée ensuite, ramènera les lettres à leur position primitive. B^{-1} sera sans influence. On verrait de même qu'un groupe qui n'est ébranlé que par B, sans l'être par A, ne le sera pas par $ABA^{-1}B^{-1}$. Cette dernière substitution ne peut donc ébranler que les groupes qui sont ébranlés à la fois par A et B. Mais, par hypothèse, ces groupes communs sont en nombre inférieur à μ : aucune substitution n'ébranle moins de μ groupes; donc $ABA^{-1}B^{-1}$ n'en ébranle aucun.

$$ABA^{-1}B^{-1}=1, \quad \text{ou} \quad AB=BA.$$

On peut remarquer comme cas particulier que deux substitutions qui n'ébranlent chacune que μ groupes sont nécessairement échangeables, à moins que ces μ groupes ne soient identiquement les mêmes dans toutes deux.

Cela posé, soit S le système de toutes les substitutions qui ébranlent certains groupes donnés, G, G′, . . . , $G^{\varkappa}$, en laissant les autres en repos. Soit Σ le système conjugué qu'on obtient en combinant toutes les substitutions (de seconde espèce) telles, que parmi les groupes qu'elles ébranlent il y en ait moins de μ qui fassent partie de la série G, G′, . . . , $G^{\varkappa}$. Chaque substitution de Σ sera, d'après ce qui précède, échangeable à chaque substitution de S.

Ier *Cas particulier.* Ici plusieurs cas sont à distinguer; le premier correspond à l'hypothèse suivante : Soient a une lettre donnée, a', a'',... les lettres qu'elle remplace lorsqu'on effectue les substitutions du système S. Aucune substitution du système Σ ne pourra amener α à la place d'aucune des lettres a', a'', . . . ; et cela de quelque manière qu'on choisisse la lettre a et le système S.

Je prends en particulier pour S le système des substitutions qui ébranlent μ groupes donnés, à l'exclusion de tous les autres. Σ contiendra toutes les substitutions qui ébranlent seulement μ groupes non identiques aux groupes donnés. Soient $a_{1,1,1}$, $a_{2,1,1}$, . . . , $a_{k,1,1}$ les lettres auxquelles la lettre $a_{1,1,1}$ peut succéder en vertu des substitutions S. Si p, q, r... sont les substitutions de seconde espèce, σ une substitution quelconque de S, toute substitution telle que $p\sigma p^{-1}$, $q\sigma q^{-1}$, . . . fait encore partie du système S; car $p\sigma p^{-1}$ est une substitution analogue à σ, opérée entre les lettres à qui succèdent dans p les lettres de σ; p étant une substitution de seconde espèce, ces nouvelles lettres appartiennent aux mêmes groupes que les premières. Donc $p\sigma p^{-1}$ ébranle les mêmes groupes que σ : donc c'est une substitution du système S.

De là résulte, dans le cas où les lettres $a_{1,1,1}$, . . . , $a_{k,1,1}$ ne forment qu'une partie de celles du groupe, une décomposition du groupe en sous-groupes, dont $a_{1,1,1}$, . . . , $a_{k,1,1}$ sera l'un. Ces sous-groupes auront tous le même nombre de lettres; et toute substitution de seconde espèce s'obtiendra en combinant des déplacements d'ensemble des sous-groupes avec des déplacements intérieurs. De plus les substitutions S seront uniquement intérieures aux sous-groupes dans lesquels le groupe se décompose, et elles permettront d'échanger entre elles toutes les lettres d'un même sous-groupe.

Puisque toutes les lettres du groupe ne sont pas dans le sous-groupe, il existe au moins une substitution de première espèce P qui fait succéder les lettres d'un même sous-groupe à des lettres de sous-groupes différents ; soient, par exemple, $a_{1,1,1}, a_{1,2,1}, \ldots, a_{1,k,1}$ ces dernières. La substitution P fait succéder les μ groupes qu'ébranle le système S à μ autres groupes. Je forme toutes les substitutions $P\sigma P^{-1}$ où σ représente successivement toutes les substitutions de S. L'ensemble de ces substitutions $P\sigma P^{-1}$ forme un système S', analogue au système S. Toutes ses substitutions ébranlent μ mêmes groupes, et les lettres $a_{1,1,1}, \ldots, a_{1,k,1}$ y joueront un rôle analogue à celui des $a_{1,1,1}, \ldots, a_{k,1,1}$ dans S. Il existera donc une nouvelle décomposition en sous-groupes analogue à la première, et dont les $a_{1,1,1}, \ldots, a_{1,k,1}$ formeront un sous-groupe.

Mais le système S' diffère du système S, sans quoi les lettres $(a_{1,1,1}, \ldots, a_{1,k,1})$ se confondraient avec les $(a_{1,1,1}, \ldots, a_{1,k,1})$: les substitutions de ces deux systèmes sont échangeables, d'après ce qui précède ; donc, en vertu de l'hypothèse que j'ai prise pour point de départ, les lettres $a_{2,1,1}, \ldots, a_{k,1,1}$ que $a_{1,1,1}$ peut remplacer en vertu des substitutions S, sont toutes différentes des lettres $a_{1,2,1}, \ldots, a_{1,k,1}$, qu'il remplace par les substitutions S'.

Les deux systèmes S et S' combinés donneront une décomposition en sous-groupes de k^2 lettres, dont l'un sera $(a_{1,1,1}, \ldots, a_{k,1,1}, \ldots, a_{k,k,1})$; cela se voit par le lemme III du chapitre précédent.

Si ces k^2 lettres n'épuisent pas le groupe, on procédera comme pour la démonstration du théorème III du chapitre précédent : l'hypothèse qui sert ici de point de départ remplace la condition que k soit le minimum du nombre des lettres d'un sous-groupe, et à laquelle était due la démonstration : on arrivera donc à ce théorème, analogue à celui de l'endroit cité :

Théorème. Le nombre des lettres du groupe est une puissance de $k = k^\alpha$.

Ce théorème sera d'ailleurs susceptible des divers énoncés plus longs et plus complets donnés pour le théorème III.

Il existera α systèmes parmi ceux qui n'ébranlent que μ groupes, qui permuteront entre elles les lettres $(a_{1,1,1},\ldots,a_{k,k,k})$. Soient S, S′,…, $S^{\alpha-1}$ ces systèmes. Aucun autre système S^{α} ébranlant μ groupes ne pourra déplacer ces lettres; car il est échangeable à toutes les substitutions S, S′,…, $S^{\alpha-1}$; donc, d'après notre point de départ, il ne peut amener $a_{1,1,1}$ à la place d'aucune des lettres $a_{x,y,z}$. Mais ces lettres comprennent toutes celles du groupe : donc S^{α} doit laisser $a_{1,1,1}$ immobile.

Les groupes qui contiennent les lettres b, les lettres c,… se comportent comme celui des lettres a. D'où résulte que chacun de ces groupes est ébranlé par α systèmes parmi ceux qui ébranlent μ groupes. Si n est le nombre des groupes, et N le nombre des systèmes S, on aura l'égalité

$$n\alpha = N\mu;$$

μ divise donc $n\alpha$.

On doit encore remarquer que si l'on combine ensemble les systèmes S′, S″…$S^{\alpha-1}$, etc., on obtiendra (chap. III, lemme III) une décomposition en k sous-groupes de $k^{\alpha-1}$ lettres, qui seront respectivement

$$(a_{1,x,y\ldots}),\quad (a_{2,x,y\ldots})\ldots(a_{k,x,y\ldots}),$$

les lettres $x, y\ldots$ prenant dans chacun des groupes chacune la série complète des valeurs 1, 2,…, k.

Donc, dans toute substitution du système S, où $a_{1,\alpha,\beta}$, par exemple, succédera à $a_{2,\alpha,\beta}$, chaque lettre $a_{1,\alpha',\beta'}$ du sous-groupe $a_{1,x,y}$ succédera à une lettre du sous-groupe $a_{2,x,y}$. Mais d'ailleurs le système S ne peut la faire succéder qu'à une lettre du sous-groupe $a_{2,\alpha',\beta'\ldots}$. Ces deux conditions réunies exigent qu'elle succède à $a_{2,\alpha',\beta'\ldots}$.

Théorème. Ainsi les substitutions S ébranlent toujours symétriquement les divers sous-groupes

$$(a_{x,1,1})\ (a_{x,1,2})\ldots(a_{x,\alpha,\beta}).$$

De même les substitutions S′ ébranleront symétriquement les divers sous-groupes qu'on obtient en réunissant les lettres qui ne diffèrent que par le second indice, etc….

Malgré cette symétrie, la réduction du problème paraît fort difficile à poursuivre dans ce cas particulier. A cet égard, je ne suis encore arrivé avec certitude à aucun résultat bien net. Je vais donc retirer l'hypothèse restrictive que je m'étais posée, afin de passer à la discussion du cas général qui donne lieu à des résultats remarquables.

IIe Cas. Je pars de l'hypothèse contraire à la précédente, à savoir : si S représente l'ensemble des substitutions de seconde espèce qui ébranlent les mêmes groupes donnés G, G'... en laissant les autres en repos : si Σ est le système conjugué qu'on obtient en combinant toutes les substitutions telles que, parmi les groupes qu'elles ébranlent, il y en ait moins de μ faisant partie de la série G, G'.... j'admets qu'on pourra choisir les substitutions S de telle sorte qu'une lettre a puisse succéder à une lettre a', à la fois en vertu des substitutions S, et d'autre part en vertu des substitutions Σ.

Si σ est une substitution quelconque de seconde espèce, toute substitution $\sigma S \sigma^{-1}$ fait elle-même partie du système S. Ce système fournit donc une décomposition en sous-groupes, dont l'un sera formé par les lettres $a, a', \ldots a^k$, auxquelles la lettre a peut succéder en vertu de ses substitutions. Σ fournira de même une nouvelle décomposition, dont un sous-groupe sera formé par les lettres $aa_1 \ldots a_k$, que a peut remplacer en vertu des substitutions Σ. Mais par hypothèse, les deux groupes

$$aa' \ldots a^k$$
$$aa_1 \ldots a_k,$$

ont des lettres communes autres que a. Donc il existe (chap. III, lemme I) une décomposition en sous-groupes, g, g'... dont l'un soit formé de ces lettres communes. Enfin (chap. III, théorème IV) ce dernier sous-groupe contiendra un nombre de lettres m^q, puissance exacte du nombre m des lettres du sous-groupe minimum : et on pourra le décomposer de q manières en m^{q-1} sous-groupes de m lettres seulement (théorème V).

Lemme I. Il est donc démontré qu'il existe une décomposition en sous-groupes de m lettres telle, que les lettres d'un même sous-groupe, $a, a_2, \ldots a_m$ puissent se remplacer mutuellement en vertu des substitutions S, et, d'autre part, en vertu des substitutions Σ.

Lemme II. D'un autre côté, on pourra toujours faire en sorte que le système S soit un de ceux qui n'ébranlent que μ groupes. Soient, en effet, $s s' s'' \ldots$ ces derniers systèmes. Admettons pour un instant que pas un d'entre eux ne puisse être pris pour S. De telle sorte que le système σ, dérivé de toutes les substitutions qui laissent en repos quelqu'un des μ groupes de s, par exemple, ne puisse amener a à la place d'une autre lettre a' à laquelle le système s la fasse succéder. Il résulte de la discussion du cas particulier précédent que les lettres du groupe a seront en nombre k^α, et qu'on pourra les distinguer les unes des autres au moyen de α indices variant de 1 à k; que α systèmes $s s' \ldots s^{\alpha-1}$ ébranleront ce groupe, le premier permutant entre elles les lettres qui ne diffèrent que par le premier indice, le second celles qui diffèrent par le second indice, etc....

Cela posé, j'admets, pour fixer les idées, que le sous-groupe représenté par $a_1 a_2 \ldots a_m$ dans l'énoncé du lemme I contienne des lettres

$$a_{\alpha,\beta,\gamma\ldots}, \quad a_{\alpha',\beta',\gamma'\ldots}$$

différant l'une de l'autre par le premier indice au moins. Le système s sera échangeable au système S ou au système Σ. Car s'il n'est pas échangeable à S, c'est que S ébranle les μ groupes de s. Mais toutes les substitutions Σ dérivent de substitutions qui ébranlent moins de μ groupes parmi ceux que S ébranle. Donc toutes ces substitutions dont Σ dérive laisseront en repos quelqu'un des μ groupes de S. Donc Σ sera échangeable à s.

Mais s', $s''\ldots$ sont échangeables à s. Donc les substitutions dérivées de la combinaison de ces systèmes avec Σ seront échangeables à celles de s. Or Σ permet d'amener $a_{\alpha,\beta,\gamma}$ à la place de $a_{\alpha',\beta',\gamma'}$; et s', $s''\ldots$ combinés ensemble, permettent d'amener $a_{\alpha',\beta',\gamma'}$ à la place de $a_{\alpha',\beta,\gamma}$.

Donc le système échangeable à s, dérivé de la combinaison Σ, s', s'', permettra de remplacer $a_{\alpha,\beta,\gamma}$ par $a_{\alpha',\beta,\gamma}$. Mais ces lettres se succèdent déjà en vertu de s : de sorte que l'hypothèse dont nous venons de partir se condamne elle-même.

J'admettrai donc que S n'ébranle que μ groupes. Soient a_1, $a_2, \ldots, a_m$ les lettres que a_1 peut remplacer et par les substitutions S et par les substitutions Σ.

Lemme III. Dans toute substitution S ou Σ, si une des lettres $a_1 a_2 \ldots a_m$ est déplacée, toutes le seront.

Je suppose, en effet, que dans une substitution s du système S, a_1 reste immobile. Les lettres du sous-groupe $a_1 \ldots a_m$ devront toutes se remplacer entre elles, puisque l'une d'elles se remplace elle-même. Mais, de plus, chacune d'elles devra se remplacer elle-même.

En effet, soit a_2 l'une d'elles. Il existe une substitution σ dans le système Σ qui amène a_1 à la place de a_2. Elle devra être échangeable à s. Donc $\sigma s \sigma^{-1} = s$. Mais $\sigma s \sigma^{-1}$ remplace la lettre a_2 par elle-même ; car σ^{-1} la remplace par a_1 : s laisse a_1 à sa place actuelle ; σ^{-1} y ramène a_2.

On démontrerait exactement la même chose pour les substitutions Σ. Il est à remarquer que toute substitution qui n'ébranle que μ groupes fait partie de l'un des deux systèmes s ou Σ. Donc elle déplacera toutes les lettres $a_1 a_2 \ldots a_m$, ou les laissera toutes en repos.

Si les lettres $a_1 a_2 \ldots a_m$ n'épuisent pas celles du groupe, le groupe aura m^p lettres, qu'on pourra distinguer par p indices variant de 1 à m chacun. On aura ainsi une décomposition en sous-groupes :

$$(a_{1,1,1} \ldots a_{x,1,1}) \ldots (a_{1,\alpha,\beta} \ldots a_{x,\alpha,\beta}),$$

les lettres $(a_{1,1,1} \ldots a_{m,1,1})$ étant celles primitivement désignées par $a_1 \ldots a_m$.

Toute substitution s, qui ébranle μ groupes seulement, et qui déplace quelqu'une des lettres du sous-groupe $(a_{x,\alpha,\beta})$, les déplacera toutes. Car si cela n'avait pas lieu, il existe une substitution t de seconde espèce qui fait succéder ces lettres à celles du sous-groupe $(a_{x,1,1})$; la substitution tst^{-1} qui n'ébranle que μ groupes, déplacerait une partie seulement des lettres $(a_{x,1,1})$.

En faisant varier le second indice, on aura une seconde décomposition en sous-groupes

$$(a_{1,1,1} \ldots a_{1,x,1}) \ldots (a_{\alpha',1,\beta'} \ldots a_{x',x,\beta'}).$$

Parmi les substitutions de première espèce, il en existe une qui amènera l'un de ces nouveaux sous-groupes à succéder à l'un des anciens. Donc on verra encore de la même manière que toute substitution s qui ébranle μ groupes seulement et déplace quelque lettre de l'un de ces nouveaux sous-groupes, les déplacera toutes.

La même chose aura lieu pour la troisième décomposition en sous-groupes :

$$(a_{1,1,1} \ldots a_{1,1,x}) \ldots (a_{\alpha'',\beta'',1} \ldots a_{\alpha'',\beta'',x}).$$

Théorème I. Toute substitution parmi celles qui n'ébranlent que μ groupes déplacera toutes les lettres de ces groupes.

Car si $a_{1,1,1}$ restait immobile, toutes les lettres $a_{x,1,1}$ resteraient immobiles aussi. De ce que $a_{x,1,1}$ reste immobile, on déduirait que les $a_{x,y,1}$ seraient immobiles aussi, etc.

Si l'on ne considère dans S et dans Σ que les substitutions qui échangent entre elles les lettres $(a_{1,1,1} \ldots a_{x,1,1})$, les substitutions entre ces lettres devront former deux systèmes conjugués échangeables entre eux, chacun transitif, et tel, que toutes ses substitutions déplacent toutes les lettres.

La possibilité de deux pareils systèmes n'est pas évidente : elle fait l'objet du théorème suivant :

Théorème II. Soit S un système transitif de substitutions, entre m lettres, et tel, que toutes ses substitutions déplacent toutes les lettres : il existe un système réciproque, unique, analogue et échangeable avec lui.

Toutes les substitutions de S sont régulières. Soit $aa'a'' \ldots$ un cycle de l'une d'elles. Le système S ne fournit par hypothèse qu'une seule manière de faire arriver a à la place d'une lettre b ; car s'il y en avait deux, on pourrait, en les combinant, ramener la lettre a à sa place sans que toutes y fussent ramenées en même temps. Soient $b'b'' \ldots$ les lettres que remplacent successivement $a'a'' \ldots$ lorsque a remplace ainsi b. Je dirai que les lettres a' et b', a'' et b'', etc., ..., auront entre elles le même rapport que les lettres a et b.

Lemme I. Soit c une lettre qui ne fasse partie ni des $aa' \ldots a^{m-1}$, ni des $bb' \ldots b^{m-1}$. Elle a un rapport déterminé avec a. Soient $c'c'' \ldots$ les lettres qui ont le même rapport avec $a'a'' \ldots$ respectivement. Aucune des lettres $c'c'' \ldots$ ne fera partie du groupe $aa'a'' \ldots$ ni du groupe $bb'b'' \ldots$

En effet, si c'' était identique à b', par exemple, on ferait le raisonnement suivant : Puisque, a' succédant à b', a succède à b, et que a'' succédant à a', a' succède à a, on voit que a'' succédant à $b' = c''$, a succédera à b. De même a succédera à b^{n-1}. Donc si $c'' = b'$, $c' = b$, $c = b^{n-1}$, ce qui est contre l'hypothèse.

Donc les lettres se décomposent toutes en groupes $(bb'b'')$, $(cc'c''\ldots)$ tels, que les lettres de chacun aient respectivement le même rapport avec les diverses lettres du cycle pris arbitrairement $(aa'a''\ldots a^{m-1})$.

Lemme II. Si b a un certain rapport avec c, le même rapport existera entre b' et c', b'' et c''.... Car a est indirectement en rapport avec c par l'intermédiaire de b : a', dont le rapport avec b' est le même que celui de a avec b, se trouve dans le même rapport indirect avec la lettre qui se trouve être à b' dans le rapport de b à c. Cette lettre doit donc nécessairement être c', seule lettre qui soit à a' dans le rapport de c à a.

On voit de même que le rapport de b à b^{α} est le même que celui de b' à $b^{\alpha+1}$.... Car b est à b^{α} dans un rapport indirect par l'intermédiaire de a et a^{α}, de telle sorte qu'on pourra écrire, en langage figuré, que le rapport

$$\frac{b}{b^{\alpha}} = \frac{b}{a} \cdot \frac{a}{a^{\alpha}} \cdot \frac{a^{\alpha}}{b^{\alpha}}.$$

De même on a

$$\frac{b'}{b^{\alpha+1}} = \frac{b'}{a'} \cdot \frac{a'}{a^{\alpha+1}} \cdot \frac{a^{\alpha+1}}{b^{\alpha+1}}.$$

Mais on a respectivement

$$\frac{b}{a} = \frac{b'}{a'}, \quad \frac{a}{a^{\alpha}} = \frac{a'}{a^{\alpha+1}}, \quad \frac{a^{\alpha}}{b^{\alpha}} = \frac{a^{\alpha+1}}{b^{\alpha+1}}.$$

Donc

$$\frac{b}{b^{\alpha}} = \frac{b'}{b^{\alpha+1}} = \cdots = \frac{b_{\alpha}}{b^{2\alpha}} = \cdots = \frac{b^{k\alpha}}{b^{(k+1)\alpha}}.$$

Si donc une substitution de S met b^{α} à la place de b, elle mettra $b^{2\alpha}$ à la place de b^{α}.... Et si elle met b à la place de c^{μ}, elle mettra b' à la place de $c^{\mu+1}$, ..., b^{π} à la place de $c^{\mu+\pi}$.

Cela posé, la substitution régulière

$$\sigma = \begin{vmatrix} a\,a'\,a''\ldots \\ b\,b'\,b''\ldots \\ c\,c'\,c''\ldots \\ \ldots\ldots\ldots \end{vmatrix},$$

(d'après la notation de la page 126) est échangeable à toutes les substitutions s, s'... de S. En effet, celles-ci seront de deux sortes : b sera remplacé par une lettre b^{α} du même groupe, ou par une lettre c^{μ} d'un autre groupe. Dans les deux cas, b sera remplacé par la même lettre, dans quelque ordre qu'on effectue les deux substitutions s et σ.

En effet, dans le premier cas, on aura

$$s = \begin{vmatrix} b\,b^{\alpha}\,b^{2\alpha}\ldots \\ b'\,b^{\alpha+1}\ldots \\ \ldots\ldots\ldots \end{vmatrix}.$$

Si l'on opère $s\sigma$, la substitution s met b^{α} à la place de b ; puis la substitution σ remplace b^{α} par $b^{\alpha+1}$. Si l'on opère la substitution σs, b est remplacé par b', que remplace ensuite $b^{\alpha+1}$. Dans les deux cas $b^{\alpha+1}$ succède à b.

Dans le deuxième cas on a

$$s = \begin{vmatrix} b\,c^{\mu}\ldots \\ b'\,c^{\mu+1}\ldots \end{vmatrix}.$$

$s\sigma$ fera succéder à b c^{μ} puis $c^{\mu-1}$,

σs fera succéder à b b' puis $c^{\mu+1}$.

Comme on peut prendre pour b une lettre quelconque, les substitutions $s\sigma$, σs sont identiques : s et σ sont échangeables.

Mais $a\,a'\,a''$... est un cycle arbitraire d'une substitution quelconque du système S. Prenons-les tous successivement : on formera un ensemble de substitutions σ, échangeables avec S. Toutes les substitutions σ et leurs dérivées devront donc déplacer toutes les lettres. D'un autre côté, si k est une lettre quelconque, il existe un cycle de S où a succède à k. Ce cycle se retrouve dans le nouveau système Σ. Il est donc transitif.

Il existe donc toujours un système Σ satisfaisant aux conditions de l'énoncé; de plus, il est unique. Car si S' est un semblable système, P celle de ses substitutions par laquelle a' succède à a, $aa'a'' \ldots$ devra être l'un des cycles de P, à cause de la condition d'échangeabilité avec la substitution Q de S qui contient le cycle $(aa'a'' \ldots)$. En effet, soit

$$Q = \begin{vmatrix} a\,a'\,a'' \ldots \\ \ldots\ \ldots \end{vmatrix} \qquad P = \begin{vmatrix} a\,a'\,k \ldots \\ \ldots\ldots\ldots \end{vmatrix}$$

PQ remplace la lettre a par la lettre a'',

QP remplace la lettre a par la lettre k.

Donc $k = a''$. On verrait de même que a'' est suivi de a''' dans P, etc.

Mais de plus il existe dans S une substitution R telle que

$$R = \begin{vmatrix} a & b & \ldots \\ a' & b' & \ldots \\ a'' & b'' & \ldots \end{vmatrix}.$$

Et si

$$P = \begin{vmatrix} a\,a'\,a'' \ldots \\ b\ x\ y \ldots \\ \ldots\ldots\ldots \end{vmatrix},$$

on voit que

PR remplace a par b',

RP remplace a par x.

Donc $x = b'$; de même $y = b''$.

Donc $bb'b''$ sera un cycle de P; $cc'c'' \ldots$ en sera un autre, etc. Donc la substitution P se confond avec l'une de celles du système Σ déterminé plus haut.

Donc ce système Σ est unique. Donc la liaison qui le joint à S est réciproque.

Ici l'on peut diviser le cas actuel en deux, selon que l'hypothèse restrictive suivante aura lieu ou non.

Hypothèse. Il est impossible de trouver trois systèmes S, S_1, S_2, parmi ceux qui déplacent les lettres de μ groupes seulement, tels, que chacun d'eux puisse amener une même lettre a à la place d'une même lettre a'.

IIe Cas particulier. Si cette hypothèse se vérifie, les conclusions immédiates à tirer des considérations précédentes s'arrêtent là. Et pour continuer l'analyse du problème, la marche à suivre sera celle que je vais indiquer.

J'ai distingué jusqu'à présent les lettres du groupe les unes des autres par un certain nombre d'indices, de telle sorte que leur symbole général se trouve être $a_{x,y,z}$, en supposant pour plus de netteté qu'il n'y ait que trois indices. Maintenant, pour distinguer les groupes les uns des autres, j'ajoute un quatrième indice i : $a_{i,x,y,z}$ sera la lettre générale. L'indice i, au lieu de varier comme les autres de 1 à m, prendra autant de valeurs qu'il y a de groupes distincts.

Si l'on considère une substitution quelconque, chaque lettre $a_{i,x,y,z}$ y sera remplacée par une autre lettre a_{i_1,x_1,y_1,z_1} qui sera parfaitement déterminée, lorsque i, x, y, z sont donnés, ainsi que la forme de la substitution; ainsi i_1, x_1, y_1, z_1, peuvent être considérés comme des fonctions de i, x, y, z. La connaissance de ces fonctions déterminera complétement la substitution. On pourra donc la représenter par le symbole

$$\begin{vmatrix} a_{i,x,y,z} \\ a_{i_1,x_1,y_1,z_1} \end{vmatrix},$$

ou plus simplement

$$| a_{i_1,x_1,y_1,z_1} |,$$

ou même

$$| i_1, x_1, y_1, z_1 |.$$

Cette dernière forme est la plus simple, et je l'emploierai fréquemment dans la suite; pourtant la première sera quelquefois nécessaire.

Cette notation établie, le théorème fondamental du chapitre III revient purement et simplement à dire que i_1 est fonction de i seul. Car ce théorème exprime que toute substitution qui amène un $a_{i_1\ldots}$ à succéder à un $a_{i\ldots}$, amène toutes les lettres des groupes $a_{i_1\ldots}$ à la place des $a_{i\ldots}$, ce qui est précisément dire que i_1 n'est fonction que de i.

Dans les substitutions de deuxième espèce $i_1 = i$. Et le théorème III apprend que x_1 sera indépendant de y et z; car si dans l'une de ces substitutions, une lettre du sous-groupe $a_{i,x,\ldots}$ succède à un $a_{i,x_1\ldots}$ tous les $a_{i,x,\ldots}$, d'après ce théorème, succéderont aux i_{i,x_1}. Donc x_1 sera fonction de i et x seulement. De même y_1 ne dépend que de i et y; z_1 que de i et z.

Soit Σ l'ensemble des substitutions qui n'ébranlent que μ groupes; S l'ensemble de celles qui ébranlent μ groupes donnés, parmi lesquels sera celui qui est caractérisé par l'indice i_0. Je considère spécialement dans le système S l'ensemble des substitutions qui permutent entre elles les lettres d'un sous-groupe

$$a_{i_0, x, y_0, z_0},$$

obtenu par la variation de l'indice x.

Si l'on pose

$$x_1 = f(x, i), \quad y_1 = f_1(y, i), \quad z_1 = f_2(z, i),$$

toute substitution de deuxième espèce sera de la forme

$$\left| \begin{matrix} i & x & y & z \\ i & f(x, i) & f_1(y, i) & f_2(z, i) \end{matrix} \right|.$$

Mais pour celles que je considère, toutes les lettres $a_{i_0 x y_0 z_0}$ se suivant mutuellement, on devra avoir

$$f_1(y_0, i_0) = y_0, \quad f_2(z_0, i_0) = z_0.$$

Quant à la fonction f, elle deviendra $f(x, i_0)$ et prendra pour les diverses substitutions considérées, diverses formes,

$$f(x, i_0), \quad f'(x, i_0), \quad f''(x, i_0), \ldots,$$

lorsqu'on s'occupe seulement des cycles de chacune de ces substitutions qui permutent entre elles les lettres du sous-groupe.

Or on sait que ces substitutions doivent être telles, qu'elles permutent entre elles toutes les lettres du sous-groupe et fassent succéder chacune d'elles à toutes les autres. D'un autre côté, chacune d'elles doit déplacer toutes les lettres. De telle sorte que pour déterminer ces fonctions inconnues

$$f(x, i_0), \quad f'(x, i_0), \ldots,$$

on aura à résoudre ce premier problème :

Étant donné m lettres

$$a_{i_0, x_0, y_0, z_0} \ldots a_{i_0}, \; x_{m-1, y_0, z_0},$$

déterminer un système conjugué de substitutions, transitif, et tel, que chaque substitution déplace toutes les lettres.

On aura fait alors un pas important vers la solution de la question. En effet, soient A, A′, ... les substitutions ainsi déterminées :

$$A = \begin{vmatrix} i_0 & x & y_0 z_0 \\ i_0 & f(x, i_0) & y_0 z_0 \end{vmatrix}, \qquad A' = \begin{vmatrix} i_0 & x & y_0 z_0 \\ i_0 & f'(x, i_0) & y_0 z_0 \end{vmatrix} \ldots.$$

Ces substitutions A, A′, ... formeront respectivement une partie des cycles des substitutions A_1, A'_1 du système S que je considère spécialement. Il sera possible que les lettres de ce sous-groupe se trouvent permutées entre elles dans un autre système S′ ébranlant aussi μ groupes : mais comme S sera échangeable à S′, elles y subiront un système de permutations réciproque du système A, A′, ..., que j'ai appris tout à l'heure à déterminer.

En choisissant convenablement la notation de chaque lettre, on trouvera une substitution de seconde espèce où les lettres du sous-groupe $a_{i_1 x y_1 z_1}$ remplaceront respectivement celle des lettres d'un autre sous-groupe, a_{i_0, x, y_1, z_1}, qui a le même indice x. Soit B cette substitution. Formons $BA_1 B^{-1}$. Ce sera une substitution du système S, qui permutera entre elles les lettres

$a_{i_0 x y_1 z_1}$; et le déplacement qu'elle leur fera subir sera, d'après la loi de formation bien connue,

$$\mathrm{BAB}^{-1} = \begin{vmatrix} i_0 & x, & y_1 & z_1 \\ i_0 & f(x, i_0), & y_1, & z_1 \end{vmatrix}.$$

De même $\mathrm{BA}'_1\,\mathrm{B}^{-1}$ fera partie du système S : et ceux de ses cycles qui permutent entre elles les lettres a_{i_0, x, y_1, z_1} seront

$$\mathrm{BA}'\mathrm{B}^{-1} = \begin{vmatrix} i_0 & x, & y_1 & z_1 \\ i_0 & f'(x, i_0), & y_1, & z_1 \end{vmatrix}.$$

Il résulte de là que les substitutions du système S, qui permutent entre elles les lettres de ce second sous-groupe, leur font éprouver les mêmes déplacements que les substitutions correspondantes, A_1, A'_1, font éprouver aux lettres homologues du premier sous-groupe.

Cela peut être étendu à des sous-groupes faisant partie de groupes différents. La notation étant encore convenablement choisie, il existera une substitution de première espèce, qui fera succéder chaque lettre du groupe $a_{i_0 xyz}$ à la lettre homologue d'un autre groupe $a_{i_1 xyz}$.

La substitution $\mathrm{PA}_1\mathrm{P}^{-1}$ sera l'une des substitutions Σ; et si on considère en particulier les cycles PAP^{-1}, ils seront

$$\mathrm{PAP}^{-1} = \begin{vmatrix} i_1 & x & y_0 & z_0 \\ i_1 & f(x, i_0) & y_0 & z_0 \end{vmatrix}.$$

On aurait de même $\mathrm{PA}'\mathrm{P}^{-1}$, etc., et l'on voit que les changements des indices x seront encore les mêmes que dans A, A'. . . .

En dernier lieu, il existera au moins une substitution Q, de première espèce, qui amènera les lettres d'un sous-groupe

$$a_{i_0 x y_0 z_0} \ldots a_{i_0 x_1 y_0 z}$$

respectivement à la place des lettres

$$a_{i_0 x_0 0 z_0} \ldots a_{i_0 x_1 y_1 z_1}$$

d'un sous-groupe d'une autre décomposition.

QA_1Q^{-1} sera une substitution Σ. Et si l'on considère en particulier les cycles QAQ^{-1}, ils permuteront entre elles les lettres a_{i_1, x_1, x, z_1} de la manière suivante :

$$QAQ^{-1} = \begin{vmatrix} a_{i_1, x_1} & x, & z_1 \\ a_{i_1, x_1, f(x, i_1), z_1} & & \end{vmatrix}.$$

Ici encore on voit que les substitutions QAQ^{-1}, $QA'Q^{-1}$, font subir aux lettres de ce nouveau sous-groupe les mêmes déplacements que A′, A,... aux lettres homologues du premier sous-groupe considéré.

Ce dernier cas achève la démonstration du lemme suivant :

Lemme. Soit un sous-groupe a_{i_0, x, y_1, z_0}; si les diverses substitutions du système Σ qui permutent ses lettres, remplacent les lettres a_{i_0, x, y_1, z_1} respectivement par les lettres $a_{i_0 f(x), y_1, z_0}$, $a_{i_0, f'(x), y_1, z_1}, \ldots,$

Les substitutions Σ qui permutent entre elles les lettres d'un sous-groupe quelconque leur feront subir des déplacements semblables.

(J'ai remplacé dans cet énoncé $f(x, i_0)\ldots$ par $f(x)\ldots$, parce que i_0 est une constante, qui complique inutilement l'écriture.)

Soit maintenant une substitution quelconque de seconde espèce

$$B = \begin{vmatrix} i & x & y & z \\ i & \varphi(x, i) & \psi(y, i) & \chi(y, i) \end{vmatrix}.$$

Je forme la substitution $B^{-1} A_1 B$. Elle fait évidemment partie du système S. D'ailleurs elle peut s'écrire :

$$B^{-1} A^1 B = \begin{vmatrix} i & \varphi(x, i) & \psi(y, i) & \chi(z, i) \\ i & \varphi[f(x, i), i] & \psi[f_1(y, i), i] & \chi[f_2(z, i), i] \end{vmatrix}.$$

Soit $i = i_0$, $y = y_0$, $z = z_0$. On aura

$$f(x, i) = f(x), \quad f_2(y_0, i_0) = y_0, \quad f_2(z_0, i_0) = z_0,$$
$$\psi[f_1(y_0, i_0), i_0] = \psi(y_0, i_0), \ldots.$$

Donc dans $B^{-1}A_1B$ toutes les lettres du sous-groupe

$$\left[a_{i_0, x, \psi(y_0, i_0), \chi(z_0, i_0)}\right]$$

seront permutées les unes dans les autres.

Or on sait par le lemme précédent que la lettre dont l'indice est x doit être remplacée par celle dont l'indice est $f(x)$, ou $f'x$, ou $f''x, \ldots$ D'un autre côté, on voit que, d'après l'expression même de $B^{-1}A_1B$, la lettre dont l'indice est $\varphi(x, i_0)$ est remplacée par celle dont l'indice est $\varphi(fx, i_0)$. La comparaison de ces deux résultats montre que

$$\varphi(fx, i_0) = \left|\begin{array}{r} f[\varphi(x, i_0)] \\ \text{ou}\quad f'[\varphi(x, i_0)] \\ \text{ou}\quad f''[\varphi(x, i_0)] \end{array}\right| \ldots .$$

On aurait de même, en prenant les substitutions $B^{-1}A'_1B$, $B^{-1}A''_1B, \ldots$,

$$\varphi(f'x, i_0) = f^{\mu'}[\varphi(x, i_0)],$$
$$\varphi(f''x, i_0) = f^{\mu''}[\varphi(x, i_0)],$$

les indices $\mu', \mu'', \ldots$, représentant chacun l'une des quantités $0, 1, 2, \ldots$.

Ces égalités peuvent se traduire ainsi :

Soient $A, A', \ldots, A^k$, M les substitutions suivantes :

$$A = \left|\begin{array}{c} x \\ fx \end{array}\right|, \qquad A' = \left|\begin{array}{c} x \\ f'x \end{array}\right| \ldots, \qquad M = \left|\begin{array}{c} x \\ \varphi(x, i_0) \end{array}\right|.$$

On devra avoir

$$\begin{array}{lcl} MA = A^{\mu}M, & & MAM^{-1} = A^{\mu}, \\ MA' = A^{\mu'}M, & \text{ou} & \ldots\ldots\ldots\ldots, \\ \ldots\ldots\ldots\ldots & & \ldots\ldots\ldots\ldots, \\ MA^k = A^{\mu^k}M, & & MA^kM^{-1} = A^{\mu^k}. \end{array}$$

Une substitution M qui satisfait à un pareil système d'équations symboliques relativement à un système conjugué

$$A, A', \ldots, A^{\mu}$$

sera dite *permutable*, à ce système. Cette notion, due à M. Cauchy, est, comme on le voit, une généralisation de celle de l'échangeabilité ; et en se reportant au chapitre II, on reconnaît que le problème qu'il résout est précisément celui de trouver les substitutions permutables au système des puissances d'une même substitution.

Un second problème se présentera ainsi à résoudre : Trouver toutes les substitutions permutables au système des substitutions

$$|fx|, \quad |f'x|, \quad |f''x|, \ldots.$$

J'admets qu'on ait résolu le problème : soient les substitutions cherchées

$$|\theta x|, \quad |\theta_1 x|, \ldots, \quad |\theta_\alpha x|, \ldots.$$

On vient de voir que la substitution $\begin{vmatrix} x \\ \varphi(x, i_0) \end{vmatrix}$ est une de celles-là. On verra de même que la substitution $\begin{vmatrix} x \\ \varphi(x, i_1) \end{vmatrix}$ en est une. Pour cela, au lieu de considérer les substitutions A_1, A'_1, A''_1, qui permutent entre elles les lettres a_{i_1, x, y_0, z_0}, on n'a qu'à considérer celles qui permutent entre elles les lettres du sous-groupe a_{i_1, x, y_0, z_0}. Le lemme de tout à l'heure démontre que dans les lettres qui se succèdent par ces diverses substitutions, l'indice x est remplacé par les divers indices

$$f(x), \quad f'(x), \ldots.$$

Le même raisonnement pourra donc être appliqué. Donc en général $\begin{vmatrix} x \\ \varphi(x, i) \end{vmatrix}$ se confond avec l'une des substitutions $\begin{vmatrix} x \\ \theta_\alpha x \end{vmatrix}$. Mais pour diverses valeurs de i, cette substitution se confondra avec diverses substitutions $\begin{vmatrix} x \\ \theta_\alpha x \end{vmatrix}$. On pourra donc poser en général

$$\varphi(x, i) = \theta_{\mathrm{I}}(x),$$

I étant un indice fonction de i.

On démontrera de même que

$$\left| \begin{matrix} \psi(y, i) = \theta_{I'}(y) \\ \chi(z, i) = \theta_{I''}(z) \end{matrix} \right|,$$

I', I'' étant des indices fonctions de i.

Pour établir la première de ces deux égalités, je considère un sous-groupe (a_{i, x_0, y, z_0}) où y est la lettre variable : les substitutions du système Σ qui permuteront entre elles les lettres de ce sous-groupe, feront succéder à l'indice y, l'une l'indice $f(y)$, l'autre l'indice $f'(y)$, etc. (Lemme précédent); ce qui suffit, en répétant les raisonnements précédents, pour démontrer l'égalité que je viens d'écrire.

J'obtiens donc, en résumant, le théorème suivant :

Théorème. Si m est le nombre des lettres du sous-groupe, soit

$$\left| \begin{matrix} x \\ fx \end{matrix} \right|, \quad \left| \begin{matrix} x \\ f'x \end{matrix} \right| \ldots$$

un système de substitutions transitif entre m lettres, et dont chaque substitution déplace toutes les lettres.

Soit

$$\left| \begin{matrix} x \\ \theta x \end{matrix} \right| \ldots \left| \begin{matrix} x \\ \theta_{\kappa}(x) \end{matrix} \right| \ldots$$

l'ensemble des substitutions permutables au système précédent.

Toutes les substitutions de seconde espèce seront de la forme

$$\left| \begin{matrix} i & x & y & z \\ i & \theta_{I}(x) & \theta_{I'}(y) & \theta_{I''}(z) \end{matrix} \right|,$$

les indices I, I', I'' étant fonctions de i.

Ici se présentent des difficultés considérables et qui me paraissent exiger nécessairement pour être résolues la solution complète des deux problèmes que je viens de poser. Cependant on peut déduire dès à présent de ce dernier théorème une limitation remarquable du nombre des substitutions.

On sait que ce nombre est égal au produit du nombre des positions diverses qu'on peut donner aux groupes, par le nombre des substitutions de seconde espèce, qui déplacent les lettres en laissant chaque groupe à sa place. Le premier facteur est un nombre de valeurs d'une fonction de k lettres, si k est le nombre des groupes : c'est donc un diviseur de $1.2\ldots k$. Je vais chercher de même un nombre qui soit divisé par le second facteur. Soient p le nombre des indices x, y, z; N le nombre des substitutions $|\theta(x)|\ldots|\theta_\alpha(x)|\ldots$.

Je considère un système de substitutions

$$\begin{vmatrix} i & x & y & z \\ i & \theta_j(x) & \theta_{j_1}(y) & \theta_{j_2}(z) \end{vmatrix},$$

où j, j_1, j_2 varient indépendamment les uns des autres et peuvent prendre chacun pour chaque valeur de i toute la série des valeurs

$$0, \quad 1, \ldots, \quad N-1,$$

sans que cela préjuge rien sur la valeur que ces indices prendront pour une autre valeur de i.

De la sorte chaque indice prenant N valeurs pour chaque valeur de i, indépendantes de celles qu'il prend pour les autres valeurs de i, le nombre des valeurs de i étant k, on aura en tout pour chaque indice N^k combinaisons possibles pour l'ensemble de ses valeurs relatives aux diverses valeurs de i. Le nombre des indices j étant p, cela fera en tout N^{pk} substitutions distinctes.

Les substitutions forment un système conjugué. Soient en effet deux d'entre elles

$$A = \begin{vmatrix} i & x \\ i & \theta_j(x)\ldots \end{vmatrix} \quad \text{et} \quad \begin{vmatrix} i & x \\ i & \theta_{j'}(x)\ldots \end{vmatrix} = B.$$

La substitution AB remplacera la lettre

$$a_{i,x,y,z} \quad \text{par celle-ci} \quad a_{i,\theta_{j'}[\theta_j(x)]},\ldots.$$

Mais $\theta_{i'}[\theta_i(x)]$ est encore l'une des substitutions $\theta_i(x)$, puisqu'elles forment un système conjugué. De même pour les autres indices que je n'écris pas. La substitution AB sera donc encore une substitution du système considéré; donc il est conjugué.

D'un autre côté, il est évident, par la formation même de ce système, qu'il contient parmi ses substitutions toutes les substitutions de seconde espèce proposées. Je vais démontrer que son ordre est un multiple du nombre de ces substitutions. Cela résulte immédiatement du théorème suivant, qui n'est qu'une généralisation de celui de Lagrange.

Théorème. Si toutes les substitutions d'un système conjugué S font partie de celles d'un système conjugué Σ, l'ordre de S divise l'ordre de Σ.

Soient en effet A, B, C, ... les substitutions de S; soit P une substitution de Σ autre que celles-là,

$$PA, \quad PB, \quad PC, \ldots$$

seront des substitutions de Σ sans l'être de S : car si PA était une substitution de S, $PA.A^{-1} = P$ en serait une.

Si Q est une substitution de Σ étrangère aux deux séries

$$\begin{array}{ccc} A, & B, & C, \ldots, \\ PA, & PB, & PC, \ldots, \end{array}$$

les substitutions

$$QA, \quad QB, \quad QC, \ldots,$$

formeront une troisième série, dont tous les termes différeront de ceux des précédentes : car de QA = PB, par exemple, on déduirait

$$Q = QA.A^{-1} = PB.A^{-1} = P(BA^{-1}),$$

ce qui est contre l'hypothèse, Q n'étant pas de la série PA, PB, PC....

Donc le nombre des substitutions de seconde espèce divise N^{pk} : d'où ce théorème important :

Théorème. Si N est le nombre des substitutions $\theta(x)$, k le nombre des groupes, m^p le nombre des lettres de chacun d'eux :

Le nombre total des substitutions du système sera un diviseur du nombre

$$1.2\ldots k.\mathrm{N}^{pk}.$$

Je vais faire l'application complète de ces principes à l'étude du troisième cas.

IIIe Cas. Le troisième cas est celui où l'on peut trouver trois systèmes de substitutions S, S_1, S_2 parmi ceux qui n'ébranlent que μ groupes, qui soient échangeables entre eux, et qui permettent chacun de remplacer une même lettre $a_{0,0,0}$ par une autre lettre $a_{1,0,0}$.

Dans cet énoncé, chaque système, tel que S, comprend l'ensemble de toutes les substitutions qui ébranlent μ groupes.

Si m est le nombre de lettres du sous-groupe minimum, on pourra trouver un sous-groupe de m lettres $a_{0,0,0}$, $a_{1,0,0}\ldots a_{m,0,0}$, jouissant de la propriété que ses lettres se permutent les unes dans les autres, à la fois par les substitutions S, S_1 ou S_2. C'est une conséquence directe des théorèmes du chapitre précédent.

1° Or les substitutions de S qui permutent entre elles les lettres $a_{0,0,0}\ldots a_{m,0,0}$, échangeables aux substitutions de S_1 qui permutent ces mêmes lettres, doivent en être les *réciproques :* il en est de même des substitutions pareilles du système S_2 : et comme il n'existe qu'un système de substitutions réciproque d'un système donné, ces substitutions de S_1 sont identiques aux substitutions correspondantes de S_2 : mais elles leur sont échangeables ; donc elles sont échangeables entre elles : premier point qu'il importait d'établir.

Si les lettres du sous-groupe épuisaient toutes celles du groupe, il serait démontré que toutes les substitutions des systèmes S, S_1, S_2, etc., qui n'ébranlent que μ groupes, sont échangeables entre elles : car on sait que les substitutions S sont échangeables avec les substitutions S_1, S_2, etc. ; et l'on voit ici que ces substitutions S seraient de plus échangeables entre elles : il en serait de même des substitutions S_1 entre elles, etc.

Mais si le système S permet d'amener $a_{0,0,0}$ à la place d'autres lettres que

$a_{1,0,0}$, une démonstration ultérieure est nécessaire pour établir l'échangeabilité de toutes les substitutions S entre elles. En ce cas, les lettres du groupe étant en nombre m^p, seront caractérisées par p indices.

2° Les substitutions qui permutent entre elles les lettres qui ne diffèrent que par la valeur d'un seul indice, sont échangeables entre elles. En effet, ou bien cet indice variable sera le premier, ou bien un autre, le second par exemple.

Si c'est le premier, je dis que les substitutions qui ne déplacent que μ groupes, et qui permutent entre elles les lettres

$$a_{i_0, x, \alpha, \beta},$$

sont échangeables entre elles.

(Ici je mets en évidence l'indice i_0 qui caractérise le groupe.)

En effet, il existe une substitution P de seconde espèce qui fait succéder aux lettres $a_{i_0, x, \alpha, \beta}$ les lettres $a_{i_0, x, 0, 0}$. Les substitutions PSP^{-1}, PS_1P^{-1}, PS_2P^{-1}, où l'on prend successivement pour S, S_1, S_2 toutes les substitutions de ces systèmes qui permutent entre elles les lettres $a_{i_0, x, 0, 0}$, permuteront de même entre elles les lettres $a_{i_0, x, \alpha, \beta}$: de plus, elles devront être toutes échangeables entre elles, comme les précédentes l'étaient.

De même, les substitutions du système Σ où μ groupes seulement sont ébranlés, qui permutent les lettres $a_{i_1, x, \alpha, \beta}$, seront échangeables entre elles, car il existera encore une substitution Q de première espèce cette fois, qui fera succéder aux lettres $a_{i_1, x, \alpha, \beta}$ les lettres $a_{i_0, x, \alpha, \beta}$. Les substitutions

$$QPSP^{-1}Q^{-1}, \quad QPS_1P^{-1}Q^{-1}, \ldots$$

font toutes partie du système Σ; elles sont toutes échangeables entre elles, et permutent les $a_{i_0, x, \alpha, \beta}$ entre eux. Ce qui démontre la proposition énoncée.

Enfin, si l'indice qui varie d'une lettre à l'autre du sous-groupe n'est plus le premier, que le sous-groupe soit, par exemple, $(a_{i_1, x_1, \gamma, \delta_1})$, on aura une substitution R, encore de première espèce, qui fera succéder à ses lettres celles d'un sous-groupe $a_{i_0, x, \alpha, \beta}$ où x soit l'indice variable. Si A, B, ... sont les substitutions Σ_1 encore échangeables entre elles, qui permutent les lettres de ce dernier sous-groupe, les substitutions RAR^{-1} seront du système Σ, permuteront entre eux les $(a_{i_1,x_1,y_1,z_1})\ldots$

3° Deux substitutions du système S, dont l'une fait succéder $a_{0,0,0}$ à $a_{\alpha,0,0}$, et l'autre le fait succéder à $a_{0,\beta,0}$, sont échangeables.

Il existe deux systèmes au moins, S_1 et S_2, qui feront succéder $a_{0,0,0}$ aux lettres $a_{x,0,0}$. De même il existe deux systèmes différents de S, S'_1 et S'_2, qui feront succéder $a_{0,0,0}$ aux diverses lettres $a_{0,y,0}$. En combinant ensemble les substitutions des deux systèmes S_1 et S'_1 d'une part, celles des deux systèmes S_2 et S'_2 d'autre part, on obtiendra deux faisceaux de substitutions, dont chacune sera échangeable à toutes celles de l'autre faisceau, et de plus à celles du système S.

Or chacun de ces deux faisceaux amène la lettre $a_{0,0,0}$ à succéder aux m^2 lettres $a_{x,y,0}$. Il en est de même du système S; car, d'un côté, il résulte du théorème III (chapitre III) que celles des substitutions S_1 qui permutent entre elles les lettres $a_{0,0,0}, \ldots, a_{x,0,0}$, et celles des substitutions S'_1 qui permutent entre elles les lettres $a_{0,0,0}, \ldots, a_{0,y,0}$ étant combinées ensemble, permuteront les lettres $a_{x,y,0}$ exclusivement entre elles; d'un autre côté, ces substitutions S_1 permettent d'amener $a_{0,0,0}$ à m places $a_{0,0,0}, \ldots, a_{m-1,0,0}$; et comme chacune d'elles déplace toutes les lettres du groupe, elles permettront d'amener chaque lettre $a_{0,y,0}$ à m places. Les substitutions considérées du système S'_1 permettront ensuite d'amener $a_{0,0,0}$ à la place d'une quelconque des m lettres $a_{0,y,0}$. Donc $a_{0,0,0}$ pourra occuper en tout m^2 places, qui sont précisément celles des $a_{x,y,0}$.

La démonstration serait la même pour le second faisceau, la même encore pour le système S.

Les substitutions de chacun des trois faisceaux

$$S, \quad S_1 \text{ et } S'_1, \quad S_2 \text{ et } S'_2$$

étant échangeables aux deux autres, il résulte de là, comme conséquence directe de ce qui précède, que toutes les substitutions qui amènent dans chacun des trois la lettre $a_{0,0,0}$ à la place des lettres $a_{x,y,0}$, sont échangeables entre elles. Le théorème est donc démontré.

Il peut arriver que les systèmes S'_1, S'_2 se confondent respectivement avec

S_1, S_2. Cela ne nuit en rien à la démonstration de ce cas-là; mais c'est ce qui exige qu'on le traite en premier lieu.

4° Toutes les substitutions S sont échangeables entre elles.

Je considère l'une d'elles, qui amène $a_{0,0,0}$ à la place de $a_{\alpha,\beta,\gamma}$. Elle sera échangeable à celles qui amènent $a_{0,0,0}$ à la place des $a_{x,0,0}$.

Il existe en dehors de S au moins deux systèmes S_1, S_2 renfermant des substitutions où $a_{0,0,0}$ succède aux lettres $a_{x,0,0}$. Soient F_1, F_2 les faisceaux respectivement formés dans chacun d'eux par ces substitutions-là. De même il existe en dehors de S au moins deux faisceaux de substitutions F'_1, F'_2 appartenant à deux systèmes différents, qui permuteront entre elles les lettres $(a_{0,0,0}, \ldots, a_{0,y,0})$. Puis au moins deux faisceaux F''_1, F''_2, permutant entre elles les diverses lettres $(a_{0,0,0}, \ldots, a_{0,0,z})$.

Je combine d'une part les faisceaux

$$F_1, \quad F'_1, \quad F''_1,$$

d'autre part les faisceaux

$$F_2, \quad F'_2, \quad F''_2;$$

les deux faisceaux résultants φ_1 et φ_2 seront tels, que chacune de leurs substitutions soit échangeable à celles de S, et à celles de l'autre faisceau. En effet, les substitutions F_2 sont échangeables aux substitutions F_1, puisqu'elles appartiennent à des systèmes différents, et il résulte de la discussion du cas précédent qu'elles sont échangeables aux substitutions F'_1, F''_1, lors même qu'elles feraient partie du même système.

Mais chacun des faisceaux φ_1 et φ_2 amène $a_{0,0,0}$ à la place de toutes les lettres $a_{x,y,z}$. On conclut, comme dans le cas précédent, que les substitutions qui, dans les trois faisceaux échangeables S, φ_1, φ_2, amènent la lettre $a_{0,0,0}$ à la place des lettres communes

$$a_{0,0,0} \ldots a_{x,0,0} \ldots a_{\alpha,\beta,\gamma}$$

sont échangeables entre elles.

Cette longue démonstration est enfin terminée, et je puis énoncer le théorème suivant :

Théorème I. Les substitutions Σ qui n'ébranlent que μ groupes sont toutes échangeables entre elles.

On conclut de là cette première conséquence :

Théorème II. Le nombre des lettres du groupe est une puissance d'un nombre premier.

Parmi les substitutions Σ, j'en considère une, σ, dont l'ordre soit premier $= n$. Je forme les substitutions

$$\sigma, \quad P\sigma P^{-1}, \quad Q\sigma Q^{-1}, \ldots,$$

où P, Q, ... sont toutes les substitutions du système total.

Toutes ces nouvelles substitutions ébranleront μ groupes seulement, de même que σ : donc elles seront échangeables entre elles. Elles sont toutes d'ordre n : enfin le système de ces substitutions doit amener une lettre a à la place de toutes celles du groupe : sans quoi il existerait un groupe, formé seulement des lettres à la place desquelles a peut être amené, et qui contiendrait moins de lettres que le groupe primitif : et ce dernier a été choisi de telle sorte que cela n'eût pas lieu.

Il reste à démontrer que le nombre des lettres auxquelles le système des substitutions

$$\sigma, \quad P\sigma P^{-1}, \ldots$$

et de leurs dérivées fait succéder a est une puissance de $n = n^q$. Pour plus de simplicité dans la notation, je représenterai les lettres du groupe par le symbole $a_{x,y,z}\ldots$ où les indices, en nombre q, varient chacun de 0 à $n-1$, notation qui suppose implicitement le théorème démontré : mais on reconnaîtra que cette pétition de principe existe seulement dans l'écriture, et nullement dans la démonstration.

Je ne considère les substitutions

$$\sigma, \quad P\sigma P^{-1}$$

qu'en tant qu'elles déplacent les lettres du groupe considéré : je me borne donc aux cycles de ces substitutions qui renferment ces lettres.

La substitution σ, d'ordre n, pourra être écrite ainsi

$$\begin{vmatrix} a_{x,\ y,\ z\ldots} \\ a_{x+1,\ y,\ z\ldots} \end{vmatrix},$$

car les indices correspondant à chaque lettre étant arbitraires, on pourra toujours faire en sorte que ce soit là l'expression de σ (qui déplace toutes les lettres).

Si on effectue plusieurs fois cette substitution, on aura des substitutions dérivées

$$\sigma,\quad \sigma^2,\ldots,\quad \sigma^\alpha,\ldots,$$

dont l'expression générale sera

$$\begin{vmatrix} x, & y, & z \\ x+\alpha, & y, & z \end{vmatrix}.$$

Soit σ' une nouvelle substitution de la série

$$\sigma,\quad P\sigma P^{-1},\quad Q\sigma Q^{-1},\ldots$$

non comprise dans les précédentes. La lettre a_{x_1,y_1,z_1} y fera partie d'un groupe de n lettres, qui se succéderont dans l'ordre suivant

$$(a_{x_1,y_1,z_1}\ a_{x_2,y_2,z_2}\ a_{x_3,y_3,z_3}\ldots).$$

Il n'est pas permis de supposer que parmi ces n lettres il y en ait deux appartenant au système des lettres

$$(a_{x_1,y_1,z_1}\ a_{x_1+1,y_1,z_1}\ldots a_{x_1+n-1,y_1,z_1}).$$

Car si l'on avait, par exemple,

$$y_\alpha = y_1,\quad z_\alpha = z_1,\quad x_\alpha = x_1+\beta,$$

la substitution σ'^α remplacerait la lettre a_{x_1,y_1,z_1} par la lettre $a_{x_1+\beta,y_1,z_1}$. La substitution σ^{β} produit le même effet. Donc $\sigma'^{\alpha}\sigma^{-\beta}$ ramène a_{x_0,y_0,z_0} à sa place. Donc elle ramène toutes les lettres à leur place, puisqu'il n'est pas de substitutions parmi celles que l'on considère, qui déplace une partie seulement des lettres du groupe.

Donc

$$\sigma'^{\alpha} = \sigma^{\beta},$$
$$\sigma'^{2\alpha} = \sigma^{2\beta}\ldots,$$

n étant premier, on pourra toujours trouver un nombre k tel, que

$$k\alpha \equiv 1 \bmod n;$$

on aura donc

$$\sigma' = \sigma'^{k\alpha} = \sigma^{k\beta},$$

ce qui est contraire à l'hypothèse.

Donc les lettres

$$a_{x_0 y_0 z_0} \ldots a_{x_\alpha y_\alpha z_\alpha} \ldots,$$

qui forment un cycle de σ', appartiendront à n cycles différents de σ. Et si l'on détermine convenablement ce qui reste encore d'arbitraire dans la correspondance des lettres et des indices qui les représentent, on pourra faire que ces lettres soient les suivantes :

$$(a_{x_0,y_0,z_0,\ldots}\; a_{x_0,y_0+1,z_0,\ldots}\; a_{x_0,y_0+\alpha,z_0,\ldots}).$$

Cela posé, les substitutions $\sigma\sigma'$ et $\sigma'\sigma$ sont identiques : or la seconde remplace a_{x_0,y_0,z_0} par a_{x_0,y_0+1,z_0} d'abord, puis par a_{x_0+1,y_0+1,z_0}; la première remplace cette même lettre d'abord par α_{x_0+1,y_0,z_0}, puis par la lettre qui succède à celle-ci dans σ' : cette dernière lettre sera donc $a_{x_0+1,y_0+1,z_0}\ldots$: on voit donc que les lettres

$$(a_{x_0+1,y_0,z_0}\; a_{x_0+1,y_0+1,z_0}\; a_{x_0+1,y_0+\alpha,z_0})$$

formeront un nouveau cycle de σ'. Les lettres a_{x_0+1,y,z_0}, où y varie, formeront encore un cycle analogue : donc dans σ' toute lettre a_{x,y,z_0} sera remplacée par une lettre $a_{x,y+1,z_1}$. On pourra de même choisir les notations encore arbitraires de telle sorte que chaque lettre a_{x,y,z_1} soit remplacée par $a_{x,y+1,z_1}$, etc. Enfin, quels que soient x, y, z, la substitution σ' remplacera $a_{x,y,z}$ par $a_{x,y+1,z}$.

L'expression de la substitution σ' sera donc

$$\sigma' = \begin{vmatrix} x & y & z \\ x & y+1, & z \end{vmatrix}.$$

En combinant entre elles les puissances de σ' et celles de σ, on aura un système conjugué de n^2 substitutions, représentées par le symbole général

$$\begin{vmatrix} x & y & z \\ x+\alpha & y+\alpha', & z \end{vmatrix},$$

où α et α' sont deux constantes qui prennent chacune, dans ces diverses substitutions, la série des valeurs $0, 1, \ldots, n-1$.

On verra de même qu'une troisième substitution σ'', différente des précédentes, devra nécessairement permuter entre elles n lettres, dont deux quelconques ne puissent être amenées à se remplacer l'une l'autre par les substitutions dérivées de σ et σ'. Et l'on verra que cette substitution peut être représentée par le symbole

$$\sigma'' = \begin{vmatrix} x & y & z & \ldots \\ x & y & z+1 & \ldots \end{vmatrix}.$$

Les substitutions dérivées de σ, σ', σ'' seront au nombre de n^3 et représentées par le symbole

$$\begin{vmatrix} x & y & z & \ldots \\ x+\alpha & y+\alpha' & z+\alpha'' & \ldots \end{vmatrix}.$$

Le nombre des lettres qu'elles permutent entre elles est également n^3.

En continuant ainsi, on voit que le nombre des lettres du groupe est effectivement égal à n^q, ce qui était le théorème à démontrer : et l'on a établi du même coup cet autre théorème :

Théorème III. Celles des substitutions Σ qui permutent entre elles les lettres $a_{x,y,z\ldots}$ d'un même groupe, leur font subir des déplacements représentés par le symbole

$$\begin{vmatrix} x & y & z \\ x+\alpha, & y+\alpha', & z+\alpha'' \end{vmatrix},$$

α, α', α'' étant des constantes, qui varient d'une substitution à l'autre.

Le nombre des lettres du groupe est une puissance p du nombre m des lettres du sous-groupe : ce dernier nombre sera donc lui-même une puissance de $n = n^r$, r étant un diviseur de q tel, que $pr = q$. De plus, on voit aisément qu'on peut admettre, en faisant un choix de notations convenables, que les lettres d'un même sous-groupe s'obtiennent par la variation de r indices, les autres restant constants. De telle sorte que les q indices $x, y, z, \ldots$ se divisent en séries de r indices chacune

$$x,\ y\ldots\quad x'y'\ldots\quad x''y''\ldots$$

On obtiendra ainsi un sous-groupe en faisant varier les indices de la première série, x, $y\ldots$ et laissant constants ceux de la seconde série $x'\,y'\ldots$, de la troisième série $x''\,y''\ldots$, etc. En faisant ensuite varier ces indices constants, on obtiendra les divers sous-groupes de cette décomposition. Une seconde décomposition s'obtiendra en faisant varier d'abord les indices $x'\,y'\ldots$ pour obtenir les lettres d'un sous-groupe, puis les indices $x\,y\ldots$ $x''\,y''\ldots$ pour passer d'un sous-groupe à l'autre, etc.

On peut maintenant déterminer aisément la forme générale des substitutions de deuxième espèce. Mais auparavant il faut rétablir l'indice i qui sert à passer d'un groupe à l'autre. Les substitutions Σ auront pour symbole général

$$\begin{vmatrix} i & x & y & \ldots & x' & y'\ldots x''y'' \\ i & x+\alpha & y+\alpha' & \ldots & x'+\alpha_1 & \ldots\ldots\ldots \end{vmatrix},$$

où les constantes α, α', ..., qui ne sont pas nécessairement les mêmes pour chaque groupe dans la même substitution, pourront être considérées comme des fonctions de i.

Toute substitution de seconde espèce sera de la forme

$$B = \left| \begin{matrix} i & x & y & \ldots & x' & y' & \ldots \\ i & \varphi(x, y \ldots i), & \psi(x, y \ldots i) \ldots & & \varphi'(x', y' \ldots i), & \psi'(x', y' \ldots i) \ldots \end{matrix} \right| \text{ (p. 168).}$$

Mais elle doit être échangeable aux substitutions Σ que je viens d'écrire. Je vais démontrer que l'on peut déduire de ces conditions

$$\begin{aligned} \varphi(x, y \ldots i) &= \alpha x + \beta y + \ldots + \delta, \\ \psi(x, y, \ldots i) &= \alpha' x + \beta' y + \ldots + \delta', \\ &\ldots\ldots\ldots\ldots\ldots\ldots \\ \varphi'(x', y' \ldots i) &= \alpha_1 x' + \beta_1 y' + \ldots + \delta_1, \\ &\ldots\ldots\ldots\ldots\ldots\ldots \end{aligned}$$

les coefficients $\alpha, \beta, \ldots, \delta, \alpha', \beta', \ldots, \delta' \ldots \alpha_1$, etc., étant des fonctions de i seulement.

Pour cela, il suffit évidemment de faire voir que pour une valeur quelconque de i, i_0 par exemple,

$$\varphi(x, y, i), \quad \psi(x, y, i), \ldots$$

sont linéaires en $x, y, \ldots$

Il existe une substitution Σ où les lettres $i_0, x, y, \ldots, x', y' \ldots$ sont respectivement remplacées par les lettres $i_0, x + 1, y, \ldots x', \ldots$, etc. Soit A cette substitution :

$$A = \left| \begin{matrix} i_0 & x & y \ldots x', & y' \ldots \\ i_0 & x + 1, & y \ldots x', & y', \ldots, \end{matrix} \right|.$$

La substitution $B^{-1}AB$ est une des substitutions Σ.

Donc les cycles qui permutent entre elles les lettres du groupe i_0 seront de la forme

$$B^{-1}AB = C = \left| \begin{matrix} i_0 & x & y \ldots & x' & y' \\ i_0 & x + \alpha & y + \alpha' \ldots & x' + \alpha_1 \ldots \end{matrix} \right|$$

$\alpha, \alpha', \ldots$, étant des constantes.

Mais en formant la substitution $B^{-1}AB$ d'après la règle connue, il vient pour les cycles de cette substitution qui permutent ces mêmes lettres entre elles :

$$B^{-1}AB = \begin{vmatrix} i_0, & \varphi(x, y, \ldots, i_0), & \psi(x, y, \ldots, i_0), & \ldots \\ i_0, & \varphi(x+1, y, \ldots, i_0), & \psi(x+1, y, \ldots, i_0), & \ldots \end{vmatrix}.$$

Il faut donc que l'on ait

$$\begin{aligned} \varphi(x+1, y, \ldots, i_0) &= \varphi(x, y, \ldots, i_0) + \alpha, \\ \psi(x+1, y, \ldots, i_0) &= \psi(x, y, \ldots, i_0) + \alpha', \\ &\ldots\ldots\ldots\ldots\ldots\ldots ; \end{aligned}$$

d'où l'on déduit

$$\begin{aligned} \varphi(x, y, \ldots, i_0) &= \alpha x + \varphi_1(y, \ldots, i_0), \\ \psi(x, y, \ldots, i_0) &= \alpha' x + \psi_1(y, \ldots, i_0). \\ &\ldots\ldots\ldots\ldots\ldots\ldots \end{aligned}$$

On verra de même que $\varphi_1(y, \ldots, i_0)$, $\psi_1(y, \ldots, i_0)$, ... seront formés d'un terme linéaire en y et d'une nouvelle fonction indépendante de y.

Le théorème suivant est donc démontré.

Théorème IV. Le nombre des lettres de chaque sous-groupe est n^r. En les distinguant par r indices, chaque substitution de seconde espèce remplacera les r indices $x, y, \ldots$ par r nouveaux indices $x_1, y_1, \ldots$, liés aux premiers par des équations linéaires

$$\begin{aligned} x_1 &= \alpha x + \beta y + \ldots \delta, \\ y_1 &= \alpha' x + \beta' y + \ldots \delta', \end{aligned}$$

dont les coefficients ne dépendent que de i.

On démontrera de même cet autre théorème :

Théorème V. Soit

$$\begin{vmatrix} i & x & y & \ldots & x' & y' & \ldots & x'' & \ldots \\ I & X & Y & \ldots & X' & Y' & \ldots & X'' & \ldots \end{vmatrix}$$

une substitution quelconque du système proposé :

X, Y,..., seront liés à $x, y, \ldots, x', \ldots$ par un groupe d'équations linéaires dont les coefficients ne dépendent que de i.

Cela résulte en effet de ce que la substitution considérée D est permutable au système des substitutions Σ : en particulier la substitution

$$D^{-1}AD$$

sera une de celles de Σ : et ses substitutions seront de la forme

$$\left| \begin{matrix} 1 & x & y & \ldots & x' & \ldots \\ 1 & x+a & y+a' & \ldots & x'+a_1 & \ldots \end{matrix} \right|,$$

ce qui montre que, lorsque x se change en $x+1$, X, Y,..., X',... augmentent chacun de quantités constantes $a, a', \ldots, a_1$. Donc

$$\begin{aligned} X &= a\,x + \text{des termes indépendants de } x, \\ Y &= a'x + \ldots\ldots\ldots\ldots\ldots\ldots \\ &\ldots\ldots\ldots\ldots\ldots\ldots\ldots\ldots, \\ X' &= a_1 x + \ldots\ldots\ldots\ldots\ldots\ldots, \end{aligned}$$

D'ailleurs les coefficients constants $a, a', \ldots, a_1$ dépendent de i. On achèvera sans peine la démonstration.

Je me propose maintenant de déterminer, d'après la méthode indiquée à la page 165, une limite supérieure du nombre des substitutions du système total.

Pour cela, je reprends la forme générale des substitutions de seconde espèce, donnée par le théorème IV. Soit N le nombre des systèmes de valeurs distincts qu'on peut donner dans cette relation aux coefficients $\alpha, \beta, \ldots, \delta, \alpha', \beta', \ldots, \delta', \ldots$, supposés constants. On pourra admettre que ces coefficients soient des fonctions de i susceptibles de prendre chacun de ces systèmes de valeurs pour chaque valeur de i, indépendamment des valeurs qu'elles prennent pour les autres valeurs de i. Cela fera N^k manières distinctes de choisir les indices $x_1, y_1, \ldots$, qui remplacent les indices $x, y, \ldots$ (k étant le nombre des valeurs de i). Il existera de même N^k manières distinctes de choisir les indices x'_1, y'_1, qui succèdent aux indices

$x'_1, y'_1, \ldots$ En tout, cela fera N^{pk} manières de choisir de nouveaux indices $x'_1, y_1, \ldots, x'_1, \ldots$ pour succéder aux indices $x, y, \ldots$.

Si A et B sont deux semblables substitutions, AB en sera une évidemment ; car B remplacera $x_1, y_1, \ldots, x'_1$ par des indices $x_2, y_2, \ldots, x'_2$ liés aux précédents par des équations linéaires, et ces nouveaux indices seront liés aux $x, y, \ldots, x', \ldots$ par des équations linéaires aussi. Donc les N^{pk} substitutions obtenues dans cette hypothèse forment un système conjugué. D'ailleurs ce système contient évidemment toutes les substitutions de seconde espèce. Donc le nombre de ces substitutions divise N^{pk}.

Le nombre total des substitutions du système primitif divisera donc $N^{pk}. 1.2\ldots k$.

La détermination du nombre N présente par conséquent un grand intérêt ; elle fait l'objet du chapitre suivant.

CHAPITRE V.

NOMBRE DES SUBSTITUTIONS LINÉAIRES.

Je reprends l'énoncé du problème à résoudre :

Soient n^r lettres, distinguées les unes des autres par r indices, variant chacun de 0 à $n-1$. Trouver le nombre des substitutions distinctes qui remplacent la lettre dont les indices sont $x, y, z, \ldots$ par une autre dont les indices soient respectivement $x_1, y_1, z_1, \ldots$, liés à x, y, z par un système d'équations linéaires

$$\left|\begin{array}{l} x_1 \equiv \alpha x + \beta y + \gamma z + \ldots + d \\ y_1 \equiv \alpha' x + \beta' y + \gamma' z + \ldots + d' \\ z_1 \equiv \alpha'' x + \beta'' y + \gamma'' z + \ldots + d'' \\ \ldots\ldots\ldots\ldots\ldots\ldots\ldots\ldots \end{array}\right| \bmod n.$$

Les constantes $\alpha, \beta, \gamma, \ldots$ prendront, dans ces diverses substitutions, des valeurs constamment comprises entre 0 et $n-1$. Mais tous les systèmes de pareilles valeurs ne sont pas admissibles; car, dans toute substitution, il est nécessaire qu'une lettre donnée $x_1, y_1, z_1, \ldots$ remplace une lettre $x, y, z, \ldots$, et une seule. Ces équations doivent donc être telles, que $x_1, y_1, z_1, \ldots$ étant donnés, x, y, z se trouvent déterminés sans ambiguïté ni impossibilité, ce qui exige que le déterminant

$$\begin{vmatrix} \alpha & \beta & \gamma & \ldots \\ \alpha' & \beta' & \gamma' & \ldots \\ \alpha'' & \beta'' & \gamma'' & \ldots \\ \ldots & \ldots & \ldots & \ldots \end{vmatrix} \gtrless 0 \quad \text{mod } n.$$

D'ailleurs $d, d', d'', \ldots$ peuvent prendre des valeurs quelconques entre 0 et $n-1$; ce qui donne pour ces lettres n^r systèmes de valeurs.

Le nombre cherché N sera donc égal à n^r. P, P étant le nombre des systèmes de valeurs des coefficients $\alpha, \beta, \gamma, \ldots, \alpha', \ldots$, qui n'annulent pas le déterminant par rapport au module n.

Ier Cas, $r = 1$. En ce cas, le déterminant se réduit à α, qui peut prendre $n-1$ valeurs différentes de 0 mod n.

IIe Cas, $r = 2$. Le déterminant devient

$$\begin{vmatrix} \alpha & \beta \\ \alpha' & \beta' \end{vmatrix} = \alpha\beta' - \alpha'\beta.$$

On peut se donner arbitrairement β et β'. Si tous deux sont nuls, le déterminant s'annulera, quels que soient α et α'; ce qui donne n^2 manières d'annuler le déterminant.

Les systèmes de valeurs de β et β', autres que $0, 0$, sont au nombre de $n^2 - 1$. Je prends l'un d'eux, où β', par exemple, ne soit pas nul. On pourra prendre arbitrairement α' de n manières différentes, et pour chacune de ces valeurs, on aura une seule valeur de α annulant le déterminant, ce qui donnera $(n^2 - 1)n$ systèmes de valeurs nouveaux annulant le déterminant.

Il existe donc en tout $n^2 + (n^2 - 1)n$ systèmes des coefficients qui annulent le déterminant. Le nombre total des systèmes de valeurs est n^4. Donc le nombre des systèmes qui n'annulent pas le déterminant sera

$$n^4 - n^2 - (n^2 - 1)n = n(n-1)(n^2-1).$$

Une discussion analogue dans le cas où $r = 3$ conduit à la formule

$$P = n^3(n-1)(n^2-1)(n^3-1).$$

On conclut par induction que pour une valeur quelconque de r

$$P = n^{\frac{r(r-1)}{2}}(n-1)(n^2-1)\ldots(n^r-1).$$

IIIe Cas. Pour démontrer commodément la justesse de cette induction, je prends le cas où $r = 5$. On verra que les raisonnements sont parfaitement généraux. Le déterminant sera

$$\begin{vmatrix} \alpha & \beta & \gamma & \delta & \varepsilon \\ \alpha' & \beta' & \gamma' & \delta' & \varepsilon' \\ \alpha'' & \beta'' & \gamma'' & \delta'' & \varepsilon'' \\ \alpha^3 & \beta^3 & \gamma^3 & \delta^3 & \varepsilon^3 \\ \alpha^4 & \beta^4 & \gamma^4 & \delta^4 & \varepsilon^4 \end{vmatrix}.$$

Il peut se développer ainsi :

$$\alpha \begin{vmatrix} \beta' & \gamma' & \delta' & \varepsilon' \\ \beta'' & \gamma'' & \delta'' & \varepsilon'' \\ \beta^3 & \gamma^3 & \delta^3 & \varepsilon^3 \\ \beta^4 & \gamma^4 & \delta^4 & \varepsilon^4 \end{vmatrix} + \alpha' \begin{vmatrix} \beta'' & \gamma'' & \delta'' & \varepsilon'' \\ \beta^3 & \gamma^3 & \delta^3 & \varepsilon^3 \\ \beta^4 & \gamma^4 & \delta^4 & \varepsilon^4 \\ \beta & \gamma & \delta & \varepsilon \end{vmatrix} + \alpha'' \begin{vmatrix} \ldots\ldots \\ \ldots\ldots \\ \ldots\ldots \\ \ldots\ldots \end{vmatrix} + \alpha^3 \begin{vmatrix} \ldots\ldots \\ \ldots\ldots \\ \ldots\ldots \\ \ldots\ldots \end{vmatrix} + \alpha^4 \begin{vmatrix} \ldots\ldots \\ \ldots\ldots \\ \ldots\ldots \\ \ldots\ldots \end{vmatrix}.$$

Donnons successivement aux coefficients $\beta\beta', \ldots, \gamma\gamma', \ldots, \delta, \ldots, \varepsilon, \ldots, \varepsilon^4$ tous les systèmes de valeurs, au nombre de $n^{5 \cdot 4}$, qu'on peut leur donner. Soit z le nombre de ces systèmes de valeurs qui annulent simultanément tous les déterminants mineurs de premier ordre qui servent de coefficients aux lettres α, α', α'', α^3, α^4 dans le développement.

A chacun de ces z systèmes on pourra joindre des valeurs arbitraires de $\alpha, \alpha', \ldots, \alpha^4$, en nombre n^5, et l'on aura $n^5 . z$ manières d'annuler le déterminant.

Les systèmes de valeurs des $\beta, \ldots, \gamma, \ldots, \delta, \ldots, \varepsilon, \ldots$ qui n'annulent pas simultanément tous les déterminants mineurs sont au nombre de $n^{5.4} - z$. Je prends l'un d'eux, qui n'annule pas le coefficient de α, par exemple. Je pourrai me donner arbitrairement α', α'', α^3, α^4, et déterminer ensuite α sans ambiguïté de manière à annuler le déterminant total. A chacun de ces $n^{5.4} - z$ systèmes de valeurs correspondront ainsi n^4 manières d'annuler le déterminant.

Il y a donc en tout $n^5 z + n^4 (n^{5.4} - z)$ manières d'annuler le déterminant : par suite, le nombre des manières de ne pas l'annuler, P, sera

$$n^{5.5} - n^5 z - n^4 (n^{5.4} - z) = n^4 . (n-1) (n^{5.4} - z).$$

Cherchons maintenant la valeur de z.

Les $\beta\beta' \ldots \gamma \ldots \delta, \ldots, \varepsilon \ldots$ sont liés entre eux par cinq équations de condition

$$\left.\begin{array}{l}
\begin{vmatrix} \beta' & \gamma' & \delta' & \varepsilon' \\ \beta'' & \gamma'' & \delta'' & \varepsilon'' \\ \beta''' & \gamma''' & \delta''' & \varepsilon''' \\ \beta^4 & \gamma^4 & \delta^4 & \varepsilon^4 \end{vmatrix} \equiv 0 \quad
\begin{vmatrix} \beta'' & \gamma'' & \delta'' & \varepsilon'' \\ \beta^3 & \gamma^3 & \delta^3 & \varepsilon^3 \\ \beta^4 & \gamma^4 & \delta^4 & \varepsilon^4 \\ \beta & \gamma & \delta & \varepsilon \end{vmatrix} \equiv 0 \quad
\begin{vmatrix} \beta^3 & \gamma^3 & \delta^3 & \varepsilon^3 \\ \beta^4 & \gamma^4 & \delta^4 & \varepsilon^4 \\ \beta & \gamma & \delta & \varepsilon \\ \beta' & \gamma' & \delta' & \varepsilon' \end{vmatrix} \equiv 0 \\
\begin{vmatrix} \beta^4 & \gamma^4 & \delta^4 & \varepsilon^4 \\ \beta & \gamma & \delta & \varepsilon \\ \beta' & \gamma' & \delta' & \varepsilon' \\ \beta'' & \gamma'' & \delta'' & \varepsilon'' \end{vmatrix} \equiv 0 \quad
\begin{vmatrix} \beta & \gamma & \delta & \varepsilon \\ \beta' & \gamma' & \delta' & \varepsilon' \\ \beta'' & \gamma'' & \delta'' & \varepsilon'' \\ \beta^3 & \gamma^3 & \delta^3 & \varepsilon^3 \end{vmatrix} \equiv 0
\end{array}\right\} \bmod n.$$

On se donnera arbitrairement les $\gamma \ldots \delta \ldots \varepsilon \ldots$ et ces cinq équations détermineraient les β. Mais on voit aisément que ces cinq équations ne sont pas distinctes : car elles expriment à elles cinq seulement ceci :

Étant donnés trois quelconques P, P′, P″ des cinq polynômes

$$\begin{gathered}\beta\, x+\gamma\, y+\delta\, z+\varepsilon\, u,\\ \beta' x+\gamma' y+\delta' z+\varepsilon' u,\\ \beta'' x+\gamma'' y+\delta'' z+\varepsilon'' u,\\ \beta^3 x+\gamma^3 y+\delta^3 z+\varepsilon^3 u,\\ \beta^4 x+\gamma^4 y+\delta^4 z+\varepsilon^4 u,\end{gathered}$$

les deux autres pourront être mis sous la forme

$$\begin{gathered}\lambda\, P+\lambda' P'+\lambda'' P'',\\ \lambda_1 P+\lambda'_1 P'+\lambda''_1 P''.\end{gathered}$$

Or si le quatrième polynôme $\beta^3 x+\ldots$ peut être ainsi exprimé en fonction des trois premiers, réciproquement le troisième pourra être exprimé ainsi par le premier, le second et le quatrième : donc ces conditions se réduisent en général à deux distinctes. Mais on conçoit que pour certains systèmes de valeurs des lettres $\gamma\ldots\delta\ldots\varepsilon$, le nombre des équations distinctes auxquelles les β doivent satisfaire s'abaisse au-dessous de deux.

Je vais maintenant démontrer que le nombre des équations auxquelles les β doivent satisfaire ne peut être moindre que deux, à moins que tous les déterminants mineurs du second ordre, entre les lettres $\gamma\ldots\delta\ldots\varepsilon$, ne soient nuls : auquel cas les équations sont identiquement nulles, quels que soient les β.

Ainsi les déterminants suivants :

$$\begin{vmatrix}\gamma' & \delta' & \varepsilon'\\ \gamma'' & \delta'' & \varepsilon''\\ \gamma^3 & \delta^3 & \varepsilon^3\end{vmatrix}\ \ldots\ \begin{vmatrix}\gamma' & \delta' & \varepsilon'\\ \gamma & \delta & \varepsilon\\ \gamma'' & \delta'' & \varepsilon''\end{vmatrix}\ \ldots$$

devront s'annuler. Je vais le démontrer pour l'un d'eux, le premier par exemple.

La première des cinq équations entre les β, développée suivant les β, pourra s'écrire ainsi

$$\begin{vmatrix} \gamma' & \delta' & \varepsilon' \\ \gamma'' & \delta'' & \varepsilon'' \\ \gamma''' & \delta''' & \varepsilon''' \end{vmatrix} \beta^4 + M\beta' + N\beta'' + P\beta''' \equiv 0.$$

La cinquième pourra s'écrire :

$$\begin{vmatrix} \gamma' & \delta' & \varepsilon' \\ \gamma'' & \delta'' & \varepsilon'' \\ \gamma''' & \delta''' & \varepsilon''' \end{vmatrix} \beta + M_1\beta' + N_1\beta'' + P_1\beta''' \equiv 0.$$

Et l'on voit que si $\begin{vmatrix} \gamma' & \delta' & \varepsilon' \\ \gamma'' & \delta'' & \varepsilon'' \\ \gamma''' & \delta''' & \varepsilon''' \end{vmatrix}$ n'est pas nul, ces deux équations seront distinctes, et détermineront l'une β^4, l'autre β, en fonction de $\beta'\beta''\beta'''$ et des $\gamma \ldots \delta \ldots \varepsilon, \ldots$, choisis arbitrairement.

On verrait la même chose pour un déterminant mineur quelconque, autre que celui-ci.

Ainsi l'on n'aura à considérer que deux classes de systèmes de valeurs des $\gamma \ldots \delta \ldots \varepsilon \ldots$

1° Ceux qui annuleront identiquement tous les déterminants mineurs du second ordre. Soit x leur nombre. On pourra prendre des valeurs arbitraires de β, β', β'', β''', β^4, sans cesser d'annuler les déterminants du premier ordre. On aura ainsi $n^5 x$ manières de satisfaire à ces cinq équations.

2° Ceux qui n'annuleront pas tous les déterminants mineurs du second ordre : leur nombre sera $n^{5.3} - x$; pour chacun d'eux on pourra prendre arbitrairement trois des lettres β, les deux autres étant par là même déterminées : on aura ainsi $n^3(^{5.3} - x)$ manières d'annuler les cinq déterminants mineurs du premier ordre. On aura donc au total

$$z = n^5 x + n^3(n^{5.3} - x),$$
$$n^{5.4} - z = n^{5.4} - n^5 x - n^3(n^{5.3} - x)$$
$$= n^3 (n^2 - 1)(n^{5.3} - x),$$
$$P = n^{4+3}.(n - 1)(n^2 - 1)(n^{5.3} - x).$$

Le calcul de x se fera comme tout à l'heure celui de z. Je remarque que les équations de condition nombreuses qu'on obtient en égalant à zéro tous les déterminants mineurs du second ordre, se réduisent en général à trois distinctes, exprimant que sur les cinq polynômes

$$\begin{aligned}
&\gamma\, x + \delta\, y + \varepsilon\, z,\\
&\gamma' x + \delta' y + \varepsilon' z,\\
&\gamma'' x + \delta'' y + \varepsilon'' z,\\
&\gamma''' x + \delta''' y + \varepsilon''' z,\\
&\gamma^4 x + \delta^4 y + \varepsilon^4 z,
\end{aligned}$$

trois quelconques peuvent s'exprimer en fonction des autres de la manière suivante :

$$\lambda P + \lambda' P', \quad \lambda_1 P + \lambda'_1 P', \quad \lambda_2 P + \lambda'_2 P'.$$

Mais ces trois équations seront toujours distinctes et détermineront trois des coefficients γ, à moins que tous les déterminants mineurs du troisième ordre entre les δ et les ε ne soient nuls, auquel cas les équations sont identiquement satisfaites quelles que soient les valeurs des γ.

Je suppose en effet que le déterminant $\begin{vmatrix} \delta & \varepsilon \\ \delta'' & \varepsilon'' \end{vmatrix}$ ne soit pas nul. Je considère parmi les équations aux γ les trois suivantes :

$$\begin{vmatrix} \gamma & \delta & \varepsilon \\ \gamma' & \delta' & \varepsilon' \\ \gamma'' & \delta'' & \varepsilon'' \end{vmatrix} \equiv 0 \qquad \begin{vmatrix} \gamma & \delta & \varepsilon \\ \gamma'' & \delta'' & \varepsilon'' \\ \gamma^3 & \delta^3 & \varepsilon^3 \end{vmatrix} \equiv 0 \qquad \begin{vmatrix} \gamma & \delta & \varepsilon \\ \gamma'' & \delta'' & \varepsilon'' \\ \gamma^4 & \delta^4 & \varepsilon^4 \end{vmatrix} \equiv 0.$$

L'une de ces équations contient γ', l'autre γ^3, l'autre γ^4. Et le coefficient qui dans ces équations multiplie ces inconnues, est précisément $\begin{vmatrix} \delta & \varepsilon \\ \delta'' & \varepsilon'' \end{vmatrix}$ qu'on a supposé différent de zéro. Donc ces trois équations sont distinctes et déterminent l'une γ', l'autre γ^3, l'autre γ^4.

Soit y le nombre des valeurs des coefficients $\delta \ldots \varepsilon \ldots$ qui annulent tous les déterminants mineurs de troisième ordre. On aura

$$\begin{aligned} x &= n^5 y + n^3 (n^{5.2} - y), \\ \mathrm{P} &= n^{4+3} (n-1)(n^2-1) [n^{5+3} - n^5 y - n^3 (^{5.2} - y)] \\ &= n^{4+3+2} (n-1)(n^2-1)(n^3-1) [n^{5.2} - y]. \end{aligned}$$

On verra, comme précédemment, que les équations

$$\begin{vmatrix} \delta & \varepsilon \\ \delta' & \varepsilon' \end{vmatrix} \equiv 0 \qquad \begin{vmatrix} \delta & \varepsilon \\ \delta'' & \varepsilon'' \end{vmatrix} \equiv 0 \ldots$$

se réduisent à quatre distinctes, sauf le cas unique où

$$\varepsilon = \varepsilon' = \varepsilon'' = \varepsilon''' = \varepsilon^4 = 0,$$

auquel cas elles sont identiques.

On aura donc

$$y = n^5 + n(n^4 - 1),$$

d'où

$$\mathrm{P} = n^{4+3+2+1} (n-1)(n^2-1)(n^3-1)(n^4-1)(n^5-1),$$

et comme $4 + 3 + 2 + 1 = \frac{5.(5-1)}{2}$, la formule se trouve démontrée.

On en conclut le théorème suivant :

Théorème. Dans le troisième cas du chapitre IV, le nombre des substitutions sera nécessairement un diviseur de l'expression

$$1.2\ldots k \left[n^{\frac{r(r+1)}{2}} (n-1)(n^2-1)\ldots(n^r-1) \right]^{ph}.$$

Remarque. Le nombre des systèmes de valeurs qui donnent au déterminant une valeur donnée mod. n, est évidemment le même, quelle que soit cette valeur, pourvu qu'elle ne soit pas nulle. Si on ne prenait pour α... etc., que les valeurs qui rendent le déterminant congru à quelqu'une des puissances d'un nombre donné a par rapport au module n, on n'aurait donc plus qu'un nombre de systèmes de valeurs α... égal à $n^{\frac{r(r+1)}{2}}\theta.(n^2-1)\ldots(n^r-1)$, θ étant un diviseur de $n-1$, qu'on sait pouvoir être quelconque. On pourrait former ainsi un système de substitutions, ayant non plus

$$1.2\ldots k\left[n^{\frac{r(r+1)}{2}}.(n-1)(n^2-1)\ldots(n^r-1)\right]^{pk},$$

mais

$$1.2\ldots k\left[n^{\frac{r(r+1)}{2}}\theta.(n^2-1)\ldots(n^r-1)\right]^{pk}$$

substitutions distinctes.

SUPPLÉMENT.

Soient $a, b, c, \ldots$, les racines d'une équation F de degré n.

Le théorème fondamental de Galois est le suivant :

Il existe un système de substitutions entre les lettres $a, b, c, \ldots$, lié à l'équation de la manière suivante : Toute fonction des racines exprimable rationnellement par les coefficients de l'équation sera inaltérée par les substitutions de ce système; et réciproquement, toute fonction dont les substitutions de ce système ne changent pas la forme, sera exprimable rationnellement par les coefficients de l'équation. Ce système contient toutes les permutations de $a, b, c, \ldots$, si l'équation considérée est la plus générale de son degré; mais si l'on descend à des classes d'équations plus particulières, l'ordre du système s'abaissera de plus en plus, et chaque système différent sera caractéristique d'une classe d'équations.

Il résulte de ce théorème que l'étude générale des équations et celle des systèmes de substitutions ne constituent au fond qu'un seul et même problème. Si les définitions et les théorèmes donnés dans ce Mémoire entrent bien dans le vif de la question, si les distinctions que j'y ai faites sont vraiment fondamentales, elles doivent représenter quelque propriété essentielle de l'équation correspondante au système considéré.

Essayons d'appliquer ce critérium :

Théorème I. A un système intransitif correspond une équation réductible; à un système transitif une équation irréductible.

En effet, supposons le système intransitif. Admettons, par exemple, que les trois lettres a, b et c se remplacent les unes les autres dans toutes ses substitutions. Toute fonction rationnelle symétrique en a, b, c ne contenant aucune des autres lettres ne sera évidemment altérée par aucune des substitutions du système : elle sera donc rationnellement exprimable en fonction des coefficients. L'équation $(x-a)(x-b)(x-c)=0$ aura donc tous ses coefficients rationnels : elle est de degré moindre que la proposée et la divise; donc cette dernière est réductible.

Réciproquement, une fonction symétrique de a, b et c, telle que $a+b+c$, par exemple, ne saurait être rationnelle en fonction des coefficients, si parmi les substitutions du système il en est une qui remplace a par une autre lettre d. Car cette substitution, qui transforme $a+b+c$ en $d+\ldots$, l'altère évidemment. Donc $(x-a)(x-b)(x-c)$ ne saurait être rationnel. On peut en dire autant d'un diviseur quelconque de F. Donc F est irréductible.

Définition. Une équation de degré mn est *secondaire* si l'on peut ramener sa résolution à celle de deux équations successives des degrés m et n. C'est le cas des équations abéliennes; mais il est susceptible d'une grande extension, les deux équations de degrés m et n pouvant être toutes deux absolument quelconques et non résolubles par radicaux. Les équations secondaires pourront être en général définies comme résultant de l'élimination de y entre les deux équations

$$A y^m + B y^{m-1} \ldots K = 0,$$
$$M x^n + P x^{n-1} \ldots R = 0,$$

où

A B. . . K sont des constantes,

M P. . . R des fonctions entières de y.

Une équation non secondaire est dite *primitive*.

Théorème II. Si les lettres $a, b, c, \ldots$ qui entrent dans le système se divisent en plusieurs groupes jouissant des propriétés indiquées dans le chapitre III, l'équation *correspondante* est *secondaire;* sinon, non.

Soient $aa'a''$, $bb'b''$, $cc'c''$,..., les divers groupes. Leur propriété essentielle est la suivante : Toute substitution du système résultera de la combinaison de déplacements d'ensemble des groupes avec des déplacements des lettres de chaque groupe entre elles.

Il résulte de là que si l'on prend une fonction symétrique de a, a', a'', le produit $aa'a''$ par exemple, si l'on forme de même les produits $bb'b''$, $cc'c''$,..., et si l'on prend une fonction symétrique de tous ces produits, elle sera rationnelle, car elle ne sera altérée ni par les changements des groupes entre eux, ni par les changements des lettres dans un même groupe.

Les divers produits $aa'a''$, $bb'b''$,..., sont donc les racines d'une même équation à coefficients rationnels, et dont le degré sera égal au nombre m des groupes. Il en sera de même pour une autre fonction symétrique quelconque de a, a', a'',... On aura donc la détermination complète de chacune de ces n quantités en résolvant une équation de degré n, dont les coefficients ont été obtenus comme racines d'équations de degré m. Il est d'ailleurs aisé de voir qu'une seule équation de degré m suffit pour tous ces coefficients.

La réciproque n'offre aucune difficulté. Soient $aa'a''$ les n valeurs de x que donne la résolution de la seconde équation lorsqu'on y substitue une y, des m valeurs de y déduites de la première. Soient $bb'b''$, $cc'c''$,..., etc., les autres valeurs de x rangées de même par groupes de n suivant les racines y_2, y_3 auxquelles elles correspondent. Il existe un système conjugué S de substitutions formé en combinant toutes les permutations des groupes entre eux, avec toutes les permutations des lettres de chaque groupe entre elles. Toute fonction des racines qui n'est pas altérée par les substitutions de ce système peut être exprimée rationnellement. En effet, puisqu'elle est symétrique en $aa'a''$ d'une part, en $bb'b''$ de l'autre, elle sera exprimable rationnellement en fonction des coefficients et des racines y_1, y_2, etc... Et puisqu'elle est symétrique par rapport aux divers groupes, elle est symétrique par rapport aux y et par suite exprimable rationnellement.

Les substitutions du système caractéristique de l'équation sont toutes comprises dans celles de S, car pour qu'une fonction des racines s'exprime rationnellement, il est nécessaire qu'elle reste inaltérée par toutes les substitutions du système caractéristique, et d'autre part, il est suffisant qu'elle reste inaltérée par les substitutions S.

Les substitutions du système caractéristique ne présenteront donc, comme celles de S, que des déplacements d'ensemble joints à des déplacements intérieurs

Q.E.D.

J'appellerai, pour abréger, un système primitif ou secondaire, suivant que l'équation est primitive ou secondaire.

Je vais, en dernier lieu, établir par les principes du chapitre III le théorème suivant de Galois, dont la démonstration ne nous est restée qu'en lambeaux et tout à fait incomplète :

Toute équation primitive et soluble par radicaux a pour degré une puissance d'un nombre premier.

Pour établir ce théorème, il faut démontrer d'abord le suivant, qui n'est autre que le théorème III du chapitre III généralisé :

Théorème III. 1° Soit un système S de substitutions dont les lettres peuvent se partager en un ou plusieurs groupes : parmi les diverses manières d'effectuer cette décomposition, on choisit celle où chaque groupe contient le nombre minimum de lettres ;

2° Soit Σ un système de substitutions faisant toutes partie du système S, et telles que le système $S\Sigma S^{-1}$ soit identique à Σ : parmi les diverses manières de décomposer les lettres en sous-groupes dans Σ, prenons l'une de celles où le sous-groupe contient le moins de lettres ;

3° Le nombre p^k des lettres du groupe sera une puissance exacte du nombre p des lettres du sous-groupe,

Et il existera μ manières différentes de décomposer le groupe en sous-groupes de p lettres.

La démonstration est, sans y rien changer, celle du chapitre III, théorème III.

Lemme I. Pour qu'une équation soit résoluble, il faut et il suffit que le système caractéristique soit l'un de ceux qu'on peut former de la manière suivante :

On prend une substitution S, arbitraire : on forme ses puissances S, $S^2 \ldots S^\alpha \ldots S^{m-1}$ et $S^m = 1$.

On prend ensuite une substitution nouvelle T, arbitraire, parmi celles qui satisfont, quel que soit α, à une relation $TS^\alpha = S^{\alpha'}T$. Toute substitution dérivée de la combinaison de S et de T sera de la forme $S^\alpha T^\beta$, où α et β sont quelconques, car $TS^\alpha T^2$, par exemple, se ramène à $S^{\alpha'}T^2$ au moyen de l'égalité $TS^\alpha = S^{\alpha'}T$.

On prend maintenant une substitution nouvelle U, jouissant de la propriété que $US^\alpha T^\beta = S^{\alpha'}T^{\beta'}U$, quels que soient α et β. On forme les substitutions dérivées de S, T, U, dont la forme générale est $S^\alpha T^\beta U^\gamma$, et on prend une nouvelle substitution V, telle que $VS^\alpha T^\beta U^\gamma = S^{\alpha'}T^{\beta'}U^{\gamma'}V$, etc.

Il est important de voir de combien le nombre des substitutions que contient le groupe va s'augmentant à mesure qu'on combine à la substitution primitive S de nouvelles substitutions T, U, etc... Supposons qu'on forme les puissances successives de T, T, $T^2, \ldots$, etc. L'une d'elles, T^n, deviendra égale à l'unité et sera comprise dans la série $1, S, \ldots, S^{m-1}$. Il se peut qu'avant la puissance T^n on en trouve d'autres comprises dans cette série. Soit T^p la première de ces puissances après $T^0 = 1$ que l'on rencontre en suivant la série $1, T, T^2, \ldots$. Le système dérivé de S et T contiendra mp substitutions distinctes.

En effet, puisque $T^p = S^q$, $T^{2p} = S^{2q}$, etc... De telle sorte que dans l'expression générale $S^\alpha T^\beta$ des substitutions du système, on pourra toujours abaisser l'exposant β au-dessous de p; ainsi

$$S^\alpha T^{\mu p+\gamma} = S^{\alpha+\mu q} T^\gamma.$$

D'autre part, il est impossible que deux substitutions $S^\alpha T^\beta$, $S^{\alpha'}T^{\beta'}$ non identiques soient équivalentes, les exposants β et β' étant moindres que p. Car de $S^\alpha T^\beta = S^{\alpha'}T^{\beta'}$ on déduirait $S^{\alpha-\alpha'} = T^{\beta-\beta'}$, et par hypothèse, $\beta - \beta'$ étant moindre que p, on ne saurait avoir une équation semblable, à moins que $\beta = \beta'$; mais alors $\alpha = \alpha'$, et les substitutions sont identiques.

De même si U^r est la première des puissances de U qui fasse partie de la série des substitutions $S^\alpha T^\beta$ le nombre des substitutions du système dérivé de S, T, U, sera mpr, et ainsi de suite.

Lemme II. Mais voici une remarque fort importante. On peut toujours faire en sorte qu'à chaque nouvelle substitution qu'on combine aux précédentes, le nombre des substitutions dérivées soit multiplié par un nombre *premier*. En effet, supposons, par exemple, que p ne soit pas premier, mais soit un produit de deux facteurs st, t étant premier. Dans l'échelle des substitutions successives, S, T, U, . . . , on intercalera un nouveau terme T^s, entre S et T, de sorte que la nouvelle échelle sera S, T^s, T, U. . . . Cette nouvelle échelle est évidemment admissible, car si $TS^\alpha = S^{\alpha'}T$, on aura, en répétant cette opération,

$$(T^s)S^\alpha = S^{\alpha''}(T^s),$$

et de plus,

$$T(S^\alpha T^{s\beta}) = (S^{\alpha'} T^{s\beta})T.$$

Les diverses substitutions S, T^s, T, U satisferont ainsi à la série des conditions successives : mais avant de passer du système dérivé de S, qui a m substitutions à celui dérivé de S, T^s et T, qui en a mp, on passe par un système intermédiaire dérivé de S et T^s, et qui a $\frac{mp}{s} = mt$ substitutions. Si s n'est pas premier, on intercalera entre T^s et T une nouvelle substitution, etc.

Je puis maintenant passer à la démonstration du théorème de Galois :

Théorème IV.

Soient S, T, U . . . X, Y, Z l'échelle des substitutions, l'ordre du système étant multiplié à chaque échelon par un nombre premier. Je désignerai pour abréger par (S, T, U) le système dérivé de ces trois substitutions.

Les lettres ne forment par hypothèse qu'un seul groupe dans le système A = (S, T, U . . . X, Y, Z). Je forme la série des systèmes

(S, T, U...X, Y, Z), (S, T, U...X, Y), (S, T, U...X)...(S, T, U), (S, T), (S), (1),

ou pour abréger,

A B C ... M, N, P, 1.

Par la loi de formation de l'échelle, si l'on prend une substitution a quelconque dans le système A et qu'on forme le système aBa^{-1}, il sera identique au système B. De même si b est une substitution de B, bCb^{-1} sera identique à C, etc... On pourra donc appliquer le théorème III et l'on aura déjà ce premier résultat :

1° Le nombre total des lettres (qui est le minimum du nombre de lettres dont on puisse former un groupe dans le système A) est une puissance exacte μ du nombre minimum p de lettres dont on puisse former un groupe dans le système B. Ce dernier nombre est une puissance exacte ν du nombre minimum q de lettres dont on puisse former un groupe dans C, etc....

De plus, il existera au moins μ manières essentiellement différentes de décomposer le total des lettres en groupes de p lettres dans le système B. Les groupes de p lettres résultant de chacune d'elles pourront être décomposés de ν manières différentes en sous-groupes de q lettres dans le système C, etc.

Donc, en général, si l'on prend un système quelconque M dans la série et qu'on cherche dans toutes les décompositions des lettres en groupes dans ce système, l'une de celles où leur nombre atteint un minimum r, on trouvera 1° que le nombre des lettres est une puissance λ de r; 2° qu'il y a λ manières différentes de décomposer les r^λ lettres en groupes de r lettres.

On conclut de là (*voir* la fin du chapitre III) que si l'on décompose les lettres en groupes, de toutes les manières possibles, dans le système M, le nombre des lettres du groupe sera toujours r ou l'une de ses puissances.

2° Il est donc établi, par ce qui précède, que si l'on décompose les lettres en groupes d'une manière quelconque dans le système M, le nombre de lettres de chaque groupe et le nombre total des lettres seront des puissances d'un même nombre. Il reste à démontrer que ce nombre est premier.

Le système A est transitif; le système 1, qui termine la série, ne l'est pas. Les premiers systèmes de la série seront donc transitifs jusqu'à ce qu'on arrive à un premier système intransitif à partir duquel tous le seront. Soit M ce premier système. Je suppose qu'il permette de remplacer une lettre a par les lettres a, a', a'',... seulement, de même b par b, b', b'',... seulement, etc... On aura une division naturelle des lettres en groupes

$$(aa'a''\ldots),\quad (bb'b''\ldots),\quad \text{etc}\ldots$$

Mais le nombre de ces groupes sera premier, car ce système précédent L, dont l'ordre ne diffère de celui de M que par un facteur premier (lemme II) étant transitif, doit permuter tous les groupes entre eux.

Ainsi on a trouvé un groupe tel, que le nombre de ses lettres ne diffère que par un facteur premier du nombre total des lettres; d'autre part, ces deux nombres ont une racine exacte commune : donc cette racine exacte est un nombre premier.

Cette démonstration est longue et délicate; mais c'est, je crois, la première qu'on ait jamais donnée de cet important théorème, et je doute qu'on puisse la simplifier beaucoup sans lui ôter quelque chose de sa rigueur. D'ailleurs les théorèmes préliminaires sur lesquels elle se fonde sont eux-mêmes des principes plus généraux, ayant leur importance à part.

MÉMOIRE

SUR

L'ÉQUIVALENCE DES FORMES,

PAR M. CAMILLE JORDAN,

Professeur à l'École Polytechnique.

Le présent Mémoire a pour objet d'étendre aux formes de degré supérieur au second et à coefficients complexes les belles méthodes introduites par M. Hermite dans l'étude des formes quadratiques (t. XL, XLI et XLVII du *Journal de Crelle*). Il est divisé en trois Sections.

Dans la première, nous nous bornons à établir quelques propositions préliminaires relatives à l'équivalence algébrique des formes.

La deuxième Section est consacrée à l'examen des formes de l'espèce suivante, déjà étudiée par M. Hermite,

$$F = \text{norme}(a_{11}x_1 + \ldots + a_{1n}x_n) + \ldots + \text{norme}(a_{n1}x_1 + \ldots + a_{nn}x_n),$$

où les variables x et les coefficients a sont des quantités complexes de la forme $\alpha + \beta i$. Nous démontrons les propositions suivantes :

1° *Toute forme* F *de déterminant* $\gtrless 0$ *est équivalente à une réduite* R *de même espèce, où les modules des coefficients sont limités en fonction de la norme* Δ *du déterminant de* F *et du minimum* μ *de cette forme.*

2° *Les formes* F *à coefficients entiers et de même déterminant se répartissent en un nombre limité de classes.*

3° *Les substitutions linéaires à coefficients entiers qui transforment une réduite en elle-même ou en une autre réduite ont les modules de leurs coefficients limités. La limite ne dépend que du nombre des variables.*

Dans la troisième Section, nous appliquons ces résultats à l'étude des formes à coefficients complexes à n variables et de degré m supérieur à 2. Nous établissons les théorèmes suivants :

1° *Une forme quelconque* F *à coefficients entiers est équivalente à une réduite dont les coefficients ont leurs modules limités en fonction entière des modules des invariants de* F.

Dans le cas particulier où F aurait des covariants identiquement nuls, la limite dépendrait également des entiers numériques qui figurent dans l'expression des coefficients de ces covariants.

2° *Les formes à coefficients entiers algébriquement équivalentes à une même forme se distribuent en un nombre limité de classes.*

Ces deux propositions sont en défaut dans quelques cas particuliers. Mais ces exceptions ne peuvent se présenter que pour les formes dont le discriminant est nul.

3° *Si deux formes* F, G *à n variables, de degré $m > 2$ et à coefficients entiers ont leur discriminant différent de zéro, le nombre des substitutions qui transforment* F *en* G *sera limité en fonction de m et de n, et les modules de leurs coefficients seront limités en fonction entière des modules des coefficients de* F *et de* G.

On pourra donc, par un nombre limité d'essais, reconnaître si F et G sont équivalentes, et trouver toutes les substitutions à coefficients entiers qui les transforment l'une dans l'autre.

I.

1. Soit

$$f(\alpha, \beta, \gamma, \ldots) = 0, \quad f_1(\alpha, \beta, \gamma, \ldots) = 0, \quad \ldots$$

un système d'équations algébriques, à coefficients réels ou complexes de la forme $a + bi$, entre les variables $\alpha, \beta, \gamma, \ldots$. Si ce système n'est pas incompatible, il admettra suivant les circonstances des solutions en nombre fini ou infini. Dans ce dernier cas, nous associerons ensemble et nous considérerons comme constituant une seule suite de solutions toutes celles que l'on peut déduire de l'une d'entre elles en y faisant varier d'une manière continue les inconnues α, β, γ, ... de telle sorte qu'elles ne cessent pas de satisfaire aux équations $f=0$, $f_1=0$, ...

On pourra obtenir ainsi, dans l'hypothèse la plus générale, un certain nombre de suites contenant chacune une infinité de solutions dont chacune diffère infiniment peu des solutions voisines. Si d'autre part il existe quelque solution qui ne se rattache à aucune autre, cette solution isolée devra être considérée comme constituant à elle seule une suite.

2. Ces définitions posées, nous allons établir le théorème suivant :

Théorème. — *Le nombre des suites de solutions du système*

$$f=0, \quad f_1=0, \quad \ldots$$

ne peut surpasser une certaine limite l, indépendante des valeurs particulières que l'on peut assigner aux coefficients des équations $f=0$, $f_1=0$, ...

Si ces coefficients sont des fonctions entières, à coefficients entiers, de certains paramètres variables assujettis à ne prendre que des valeurs entières, chacune des suites précédentes contiendra une solution où les modules des inconnues ne surpassent pas une limite L, fonction entière des modules des paramètres.

Si l'on n'a qu'une variable α et une équation

$$A\alpha^n + B\alpha^{n-1} + \ldots + K = 0,$$

la proposition est évidente, car on n'a que n solutions. D'ailleurs, si les coefficients sont entiers, on aura $\operatorname{mod} A \overline{\gtrless} 1$. Si, par suite, on posait

$$\operatorname{mod}\alpha > \operatorname{mod}B + \ldots + \operatorname{mod}K > 1,$$

on aurait

$$\operatorname{mod} A\alpha^n \geqq \operatorname{mod}\alpha^n \geqq (\operatorname{mod} B + \ldots + \operatorname{mod} K)\operatorname{mod}\alpha^{n-1} > \operatorname{mod} B\alpha^{n-1} + \ldots$$
$$+ \operatorname{mod} K > \operatorname{mod}(B\alpha^{n-1} + \ldots + K),$$

et l'équation ne pourrait être satisfaite.

D'ailleurs, B, ..., K étant des fonctions entières des paramètres, on pourra assigner des limites supérieures à leurs modules en fonction entière des modules des paramètres. Substituant ces limites supérieures dans l'inégalité précédente, on obtiendra la limite cherchée de $\operatorname{mod}\alpha$ en fonction entière des modules des paramètres.

La proposition sera vraie *a fortiori* si l'on n'a qu'une variable et plusieurs équations auxquelles elle doive satisfaire simultanément.

3. Cela posé, considérons un système quelconque d'équations

$$(1) \qquad f = 0, \quad f_1 = 0, \quad \ldots$$

entre n variables $\alpha, \beta, \gamma, \ldots$. Soient $m, m_1, \ldots$ les degrés respectifs de ces équations par rapport à α; μ la somme de ces nombres $m, m_1, \ldots$. Nous allons établir que le théorème est vrai pour ce système, en supposant, ce qui est évidemment permis, qu'il ait été préalablement démontré : 1° pour les systèmes d'équations à moins de n variables; 2° pour les systèmes à n variables dans lesquels la somme des degrés par rapport à α est moindre que μ.

On pourra poser

$$f = A\alpha^m + B, \quad f_1 = A_1\alpha^{m_1} + B_1,$$

A, A_1 ne contenant plus α, et B, B_1 ne contenant plus cette variable qu'à des puissances respectivement inférieures à m et à m_1.

Soit, pour fixer les idées, $m \geqq m_1$.

Le théorème sera vrai pour le système

$$(2) \qquad A_1 f = 0, \quad f_1 = 0, \quad \ldots,$$

car il équivaut évidemment au système

$$A_1 f - A\alpha^{m-m_1} f_1 = A_1 B - A\alpha^{m-m_1} B = 0, \quad f_1 = 0, \quad \ldots$$

pour lequel le théorème est vrai par hypothèse; car la somme des degrés de ces équations par rapport à α est $< m + m_1 + \ldots$, la première ayant son degré $< m$; d'ailleurs, leurs coefficients sont encore entiers si ceux du système primitif le sont.

Le théorème est également applicable au système

$$(3) \qquad A_1 = 0, \quad f = 0, \quad f_1 = 0, \quad \ldots,$$

car il équivaut au système

$$A_1 = 0, \quad f = 0, \quad f_1 - A_1 \alpha^{m_1} = B = 0, \quad \ldots,$$

où la somme des degrés en α est $< m + m_1 + \ldots$, la première équation ne contenant pas α et la troisième le contenant à une puissance inférieure à m_1.

D'ailleurs, il est clair que toute solution du système (3) est solution du système (1). D'autre part, toute solution du système (1) est solution du système (2), et, réciproquement, toute solution de (2) sera solution du système (1) ou de cet autre système

$$A_1 = 0, \quad f_1 = 0, \quad \ldots.$$

Cela posé, soit S une solution quelconque du système (1). Si la suite Σ dont elle fait partie contient une solution S' dans laquelle on ait $A_1 = 0$, la suite Σ' de solutions du système (3) dont S' fait partie sera contenue en entier dans Σ, car toutes les solutions qui la composent sont solutions de (1) et se rattachent d'ailleurs à S' par un lien continu.

Supposons au contraire que Σ ne contienne aucune solution dans laquelle $A_1 = 0$. Soit σ celle des suites de solutions du système (2) qui contient S. Non seulement elle contiendra Σ, mais elle se confondra avec Σ. Parcourons en effet la série continue des solutions qui forment σ. Chacune d'elles satisfera à (1) ou à (4). La substitution S, qui nous sert de point de départ, satisfait à (1). Si l'on arrivait à des solutions satisfaisant au contraire à (4), la transition de la première sorte de solutions à la seconde se ferait nécessairement par une solution commune aux systèmes (1) et (4), c'est-à-dire par une solution du système (3), laquelle appartiendrait encore à Σ, contrairement à l'hypothèse.

Il résulte de cette discussion que toute suite de solutions du système (1) contient en entier ou l'une des suites de solutions du système (3) ou l'une des suites de solutions du système (2). Le théorème étant vrai pour chacun de ces deux systèmes, ces suites seront en nombre limité, et, si les coefficients sont entiers, chaque suite contiendra une solution où les modules des variables sont limités en fonction entière des modules des paramètres, ce qui démontre notre proposition.

4. Soit $F(x_1, x_2, \ldots)$ une forme algébrique de degré m à n variables et dont les coefficients sont des quantités quelconques réelles ou complexes.

Une autre forme algébrique de même degré $G(x_1, x_2, \ldots)$ sera dite *algébriquement équivalente* à F et appartiendra à la même *famille* si l'on a identiquement

$$G(x_1, x_2, \ldots) = F(a_{11}x_1 + a_{12}x_2 + \ldots, a_{21}x_1 + a_{22}x_2 + \ldots, \ldots),$$

$a_{11}, a_{21}, \ldots, a_{nn}$ étant des constantes réelles ou complexes dont le déterminant est égal à 1.

L'équivalence sera *arithmétique* et les formes F, G appartiendront à une même *classe* si $a_{11}, \ldots, a_{nn}$ sont des entiers complexes.

Les conditions de l'équivalence algébrique sont connues. Il faut que les invariants indépendants des formes F et G aient les mêmes valeurs numériques. Cette condition sera généralement suffisante. Toutefois, si, par suite de valeurs particulières assignées aux coefficients de F, quelque covariant de cette forme (à une ou plusieurs séries de variables) devenait identiquement nul, il faudrait en outre que le covariant correspondant de la forme G s'annulât également.

Une famille de formes algébriquement équivalentes est donc caractérisée dans tous les cas par un système d'équations de la forme suivante,

$$(5)\qquad \begin{cases} I = a + bi, & I_1 = a_1 + b_1 i, \quad \ldots, \\ C = 0, & C_1 = 0, \quad \ldots, \end{cases}$$

où $I, I_1, \ldots$ sont les invariants exprimés en fonction des coefficients, $a + bi, a_1 + b_1 i, \ldots$ leurs valeurs numériques, constantes dans toute la famille, enfin $C, C_1, \ldots$ les coefficients des covariants qui s'annulent identiquement.

A chaque suite de systèmes de valeurs des coefficients satisfaisant aux équations (5) correspondra une suite de formes de la famille cherchée.

D'ailleurs, les coefficients numériques qui figurent dans les équations $C = 0, C_1 = 0, \ldots$ sont entiers par leur nature. Si $a + bi$, $a_1 + b_1 i, \ldots$ sont également entiers, il résulte du théorème précédemment établi que dans chaque suite de solutions il y en aura une où les modules des inconnues sont limités en fonction entière des modules des coefficients des équations (5). Nous obtenons donc cette proposition :

Dans chaque famille de formes à invariants entiers, il en existe une F *où les modules des coefficients sont tous limités en fonction entière des modules des invariants* [et des constantes numériques qui figurent dans les équations auxiliaires $C = 0, C_1 = 0, \ldots$ lorsque le système (5) contient des équations de cette forme, ce qui n'a pas lieu en général].

5. Soient maintenant F, G deux formes à coefficients entiers algébriquement équivalentes. Proposons-nous d'étudier les substitutions à coefficients quelconques

$$A = \begin{vmatrix} x_1 & a_{11}x_1 + a_{12}x_2 + \ldots \\ x_2 & a_{21}x_1 + a_{22}x_2 + \ldots \\ \ldots & \ldots\ldots\ldots\ldots \end{vmatrix} = \begin{Bmatrix} a_{11} & a_{12} & \ldots \\ a_{21} & a_{22} & \ldots \\ \ldots & \ldots & \ldots \end{Bmatrix}$$

qui transforment F en G.

Pour déterminer ces substitutions, exprimons qu'on a identiquement

$$G(x_1, x_2, \ldots) = F(a_{11}x_1 + a_{12}x_2 + \ldots,\ a_{21}x_1 + a_{22}x_2 + \ldots,\ \ldots).$$

Nous obtiendrons un système d'équations auxquelles devront satisfaire les coefficients inconnus $a_{11}, \ldots, a_{nn}$. Chaque solution donnera une des substitutions cherchées. D'après ce qu'on a vu plus haut, ces solutions pourront se répartir en un nombre limité de suites telles, que chaque suite contienne une solution où les modules des inconnues soient limités en fonction entière des modules des coefficients des formes F et G.

Soient A la substitution qui répond à une de ces solutions à modules limités, B la substitution correspondante à une solution quelconque appartenant à la même suite. On pourra, par définition, passer de la solution A à la solution B par une série de solutions intermédiaires $A_1, A_2, \ldots, A_\mu$, dont chacune diffère infiniment peu de la précédente.

Cela posé, on aura identiquement

$$B = A . A^{-1} A_1 . A_1^{-1} A_2 \ldots A_\mu^{-1} B.$$

L'une quelconque des substitutions $A^{-1} A_1, A_1^{-1} A_2, \ldots, A_\mu^{-1} B$, par exemple $A^{-1} A_1$, transforme G en elle-même, car A^{-1} la transforme en F, que A_1 transforme inversement en G. D'ailleurs, les substitutions A et A_1 étant infiniment peu différentes, $A^{-1} A_1$ sera une substitution infinitésimale, c'est-à-dire infiniment peu différente de la substitution (1).

Nous pouvons donc énoncer ce théorème :

Les substitutions qui transforment F *en* G *forment un nombre limité de suites distinctes. Les substitutions d'une même suite ont pour forme générale* AP, A *étant une substitution qui transforme* F *en* G *et dont les coefficients ont des modules limités en fonction entière des modules des coefficients de* F *et de* G, *et* P *un produit de substitutions infinitésimales dont chacune transforme* G *en elle-même.*

6. Il est d'ailleurs aisé de déterminer les substitutions infinitésimales qui transforment G en elle-même. En effet, elles seront de la forme

$$\begin{vmatrix} x_1 & x_1 + \xi_1 \\ x_2 & x_2 + \xi_2 \\ \ldots & \ldots\ldots \end{vmatrix},$$

où $\xi_1, \xi_2, \ldots$ sont des fonctions linéaires infiniment petites de $x_1, x_2, \ldots$.
On aura l'équation de condition

$$G(x_1+\xi_1, x_2+\xi_2, \ldots) = G(x_1, x_2, \ldots)$$

ou, en développant et négligeant les termes du second ordre,

$$\frac{dG}{dx_1}\xi_1 + \frac{dG}{dx_2}\xi_2 + \ldots = 0.$$

Égalant séparément à zéro les coefficients des variables $x_1, \ldots, x_n$, on obtiendra une série d'équations linéaires et homogènes par rapport aux coefficients inconnus qui figurent dans $\xi_1, \ldots, \xi_n$. Si les équations sont compatibles (autrement qu'en annulant tous les coefficients), le nombre des coefficients qui restent indéterminés donnera le nombre des substitutions infinitésimales distinctes dont la combinaison produit les substitutions de l'espèce P.

II.

7. La solution des questions qui concernent l'équivalence arithmétique des formes à coefficients entiers repose sur la théorie d'une espèce particulière de formes bilinéaires, considérées pour la première fois par M. Hermite, et que nous allons étudier.

Ces formes ont pour expression la suivante,

$$\begin{aligned} g &= (a_{11}x_1 + a_{12}x_2 + \ldots)(a'_{11}x'_1 + a'_{12}x'_2 + \ldots) \\ &\quad + (a_{21}x_1 + a_{22}x_2 + \ldots)(a'_{21}x'_1 + a'_{22}x'_2 + \ldots) \\ &\quad + \ldots\ldots\ldots\ldots\ldots\ldots\ldots\ldots \\ &= N(a_{11}x_1 + a_{12}x_2 + \ldots) + N(a_{21}x_1 + a_{22}x_2 + \ldots) + \ldots, \end{aligned}$$

$a'_{11}, \ldots, a'_{nn}, x'_1, \ldots, x'_n$ représentant les quantités conjuguées de $a_{11}, \ldots, a_{nn}, x_1, \ldots, x_n$, et $N(a)$ représentant la *norme* de a.

Le développement de l'équation précédente donnera

$$g = \Sigma b_{kl} x_k x'_l,$$

en posant, pour abréger,

$$b_{kl} = a_{1k}a'_{1l} + \ldots + a_{nk}a'_{nl}.$$

Il résulte immédiatement de ces formules :

1° Que b_{kl} et b_{lk} sont des quantités complexes conjuguées;

2° Que b_{kk} est une quantité réelle, égale à la somme des normes des coefficients $a_{1k}, \ldots, a_{nk}$;

3° Que le déterminant Δ de la forme g (on appelle ainsi celui qui est formé avec les coefficients b_{kl}) est égal au produit du déterminant δ des quantités $a_{11}, \ldots, a_{nn}$ par son conjugué δ'.

On voit encore que la valeur numérique de g, étant la somme des normes des quantités $a_{11}x_1 + a_{12}x_2 + \ldots$, $a_{21}x_1 + a_{22}x_2 + \ldots, \ldots$, sera toujours réelle et positive, quelques valeurs qu'on assigne aux variables. Si $\delta \gtrless 0$, elle ne pourra s'annuler qu'en posant simultanément $x_1 = x_2 = \ldots = 0$.

8. L'expression

$$g = \Sigma b_{kl}x_k x'_l$$

peut d'ailleurs se mettre sous la forme

$$b_{11}\mathrm{N}\left(x_1 + \frac{b_{21}}{b_{11}}x_2 + \ldots\right) + g_1,$$

$g_1 = \sum_2^n c_{kl}x_k x'_l$ étant une nouvelle fonction analogue à g, mais ne contenant plus le premier couple de variables x_1, x'_1.

Si l'on pose

$$x_1 + \frac{b_{21}}{b_{11}}x_2 + \ldots = 0, \quad x_2 = 1, \quad x_3 = \ldots = x_n = 0,$$

la valeur de g se réduira à c_{22}. Cette quantité sera donc réelle et positive. Ce point établi, traitons g_1 comme nous l'avons fait pour g; il viendra

$$g_1 = c_{22}\mathrm{N}\left(x_2 + \frac{c_{32}}{c_{22}}x_3 + \ldots\right) + g_2,$$

g_2 ne contenant plus x_2, x'_2.

Continuant ainsi, on finira par obtenir pour g une expression de la forme suivante,

$$\begin{aligned} g = & m_1 \mathrm{N}(x_1 + \varepsilon_{12} x_2 + \ldots + \varepsilon_{1n} x_n) \\ & + m_2 \mathrm{N}(x_2 + \varepsilon_{23} x_3 + \ldots + \varepsilon_{2n} x_n) \\ & + \ldots + m_n \mathrm{N} x_n, \end{aligned}$$

où $m_1, \ldots, m_n$ sont des quantités positives et $\varepsilon_{12}, \ldots$ des quantités complexes.

9. Soit maintenant q une quantité positive quelconque, et considérons les systèmes de valeurs des variables $x_1, \ldots, x_n$ pour lesquels on aura $g < q$. Il est aisé de voir que les modules des variables y seront tous limités.

En effet, si $g < q$, on aura *a fortiori*

$$\begin{aligned} & m_n \mathrm{N} x_n < q, \\ & m_{n-1} \mathrm{N}(x_{n-1} + \varepsilon_{n-1,n} x_n) < q, \\ & \ldots\ldots\ldots\ldots\ldots\ldots \end{aligned}$$

d'où

$$\begin{aligned} & \mathrm{mod}\, x_n < \sqrt{\frac{q}{m_n}}, \\ & \mathrm{mod}\,(x_{n-1} + \varepsilon_{n-1,n} x_n) < \sqrt{\frac{q}{m_{n-1}}}, \\ & \mathrm{mod}\, x_{n-1} < \sqrt{\frac{q}{m_{n-1}}} + \mathrm{mod}\, \varepsilon_{n-1,n}\, \mathrm{mod}\, x_n, \\ & \ldots\ldots\ldots\ldots\ldots\ldots \end{aligned}$$

Si donc on astreint $x_1, \ldots, x_n$ à ne prendre que des valeurs complexes entières, le nombre des systèmes de valeurs pour lesquels $g < q$ sera limité. On les déterminera d'ailleurs aisément en essayant successivement tous les systèmes de valeurs entières des variables pour lesquels les modules sont renfermés dans les limites prescrites.

Ces systèmes étant en nombre fini, il en existera un (ou plusieurs) pour lequel la valeur de g sera minimum. Soient μ_1 ce minimum, $\alpha_1, \ldots, \alpha_n$ les valeurs correspondantes des variables. Les entiers $\alpha_1, \ldots, \alpha_n$ seront premiers entre eux, car, s'ils avaient un diviseur commun d, il est clair que, en donnant aux variables les valeurs $\frac{\alpha_1}{d}, \ldots, \frac{\alpha_n}{d}$, g prendrait la valeur $\frac{\mu_1}{\mathrm{N}d}$, qui est $< \mu_1$.

10. Cela posé, soient $\beta_1, \ldots, \beta_n, \gamma_1, \ldots, \gamma_n, \ldots$ des entiers tels que le déterminant qu'ils forment avec $\alpha_1, \ldots, \alpha_n$ soit égal à l'unité. Substituons dans g, à la place de $x_1, \ldots, x_n$, les expressions

$$\alpha_1 x_1 + \beta_1 x_2 + \gamma_1 x_3 + \ldots, \quad \ldots, \quad \alpha_n x_1 + \beta_n x_2 + \gamma_n x_3 + \ldots,$$

et à la place de $x'_1, \ldots, x'_n$ les expressions conjuguées; g sera transformé en une fonction analogue g', où le coefficient de $x_1 x'_1$ sera précisément μ_1. Cette fonction pourra se mettre sous la forme

$$g' = \mu_1 \mathrm{N}(x_1 + \epsilon_{12} x_2 + \ldots) + g'_1,$$

g_1 étant une fonction analogue qui ne contient plus x_1, x'_1.

Parmi les divers systèmes de valeurs entières que l'on peut assigner à $x_2, \ldots, x_n$, il en existe au moins un qui rend g'_1 minimum. Soit μ_2 ce minimum. Il ne pourra être inférieur à $\frac{1}{2}\mu_1$. En effet, donnons à $x_2, \ldots, x_n$ les valeurs correspondantes à ce minimum, et déterminons ensuite l'entier x_1 de telle sorte que ni la partie réelle ni la partie imaginaire de $x_1 + \epsilon_{12} x_2 + \ldots$ ne surpasse $\frac{1}{2}$; la norme de ce facteur sera $\overline{\underset{<}{=}} \frac{1}{2}$; la valeur de g' sera donc $\overline{\underset{<}{=}} \frac{1}{2}\mu_1 + \mu_2$; mais, par hypothèse, la forme g ne peut acquérir de valeur inférieure à μ_1, et son équivalente g' jouit évidemment de la même propriété. Donc, $\mu_2 \overline{\underset{>}{=}} \frac{1}{2}\mu_1$.

Cela posé, nous pourrons, en opérant sur les variables $x_2, \ldots, x_n$ et leurs conjuguées une substitution linéaire à coefficients entiers, transformer g'_1 en une forme équivalente

$$g''_1 = \mu_2 \mathrm{N}(x_2 + \epsilon_{23} x_3 + \ldots) + g''_2,$$

g''_2 ne contenant plus les variables x_2, x'_2 et ayant un minimum μ_3 au moins égal à $\frac{1}{2}\mu_2$. Cette substitution transforme d'ailleurs le premier terme de g' en une expression de même forme.

Continuant ainsi, on voit qu'on pourra, par une substitution linéaire à coefficients entiers, transformer g en une forme équivalente ayant pour expression

$$r = \mu_1 N(x_1 + \varepsilon_{12} x_2 + \ldots) + \mu_2 N(x_2 + \varepsilon_{23} x_3 + \ldots) + \ldots + \mu_n N x_n,$$

où les coefficients successifs $\mu_1, \ldots, \mu_n$ satisfont à la condition $\mu_{k+1} \overline{\geq} \frac{1}{2}\mu_k$.

On peut d'ailleurs faire en sorte que la partie réelle et la partie imaginaire de chacun des coefficients ε ne surpasse pas $\frac{1}{2}$ en valeur absolue, car, pour arriver à ce résultat, il suffira évidemment de changer

$$\begin{array}{lll} x_1 & \text{en} & x_1 + \alpha_{12} x_2 + \ldots + \alpha_{1n} x_n, \\ x_2 & & \qquad\quad x_2 + \ldots + \alpha_{2n} x_n, \\ \ldots & & \ldots\ldots\ldots\ldots\ldots\ldots \end{array}$$

et de déterminer convenablement les entiers complexes $\alpha_{12}, \ldots, \alpha_{n-1,n}$.

Les coefficients ε, étant ainsi réduits, auront évidemment leurs normes au plus égales à $\frac{1}{2}$.

Nous donnerons désormais le nom de *réduite* à toute forme de l'espèce r où les coefficients satisfont aux relations

$$\mu_{k+1} \overline{\geq} \frac{1}{2}\mu_k, \quad N\varepsilon_{ik} \overline{\leq} \frac{1}{2}.$$

On voit, par ce qui précède, qu'*une forme quelconque est équivalente à une forme réduite* [1].

11. Le déterminant de la réduite r est évidemment égal à $\mu_1\mu_2\ldots\mu_n$. Mais il doit être égal au déterminant Δ de la forme primitive g dont elle a été déduite. On a donc

$$\mu_1\mu_2\ldots\mu_n = \Delta.$$

De cette équation, jointe aux inégalités

$$\mu_{k+1} \overline{\geq} \frac{1}{2}\mu_k,$$

---

[1] Le procédé de réduction que nous venons d'exposer est dû à MM. Korkine et Zolotareff (*Mathematische Annalen*, t. VI).

on déduit les suivantes :

$$
(6)\quad \left\{
\begin{array}{ll}
 & \left(\frac{1}{2}\right)^{\frac{n(n-1)}{2}} \mu_1^n \leqq \Delta, \\
\mu_2 \geqq \left(\frac{1}{2}\right)\mu_1, & \left(\frac{1}{2}\right)^{\frac{(n-1)(n-2)}{2}} \mu_2^{n-1} \leqq \frac{\Delta}{\mu_1}, \\
\mu_3 \geqq \left(\frac{1}{2}\right)^2\mu_1, & \left(\frac{1}{2}\right)^{\frac{(n-2)(n-3)}{2}} \mu_3^{n-2} \leqq \frac{\Delta}{\mu_1\mu_2} \leqq \frac{2\Delta}{\mu_1^2}, \\
\dots\dots\dots, & \dots\dots\dots\dots\dots\dots\dots, \\
\mu_n \geqq \left(\frac{1}{2}\right)^{n-1}\mu_1, & \mu_n = \frac{\Delta}{\mu_1\mu_2\dots\mu_{n-1}} \leqq \frac{2^{\frac{(n-1)(n-2)}{2}}\Delta}{\mu_1^{n-1}}.
\end{array}
\right.
$$

Nous obtenons ainsi des limites supérieures et inférieures des quantités $\mu_2, \dots, \mu_n$ en fonction de Δ et de μ_1, ainsi qu'une limite supérieure de μ_1 en fonction de Δ.

12. Effectuons maintenant les calculs indiqués dans l'expression précédente de r, de manière à la mettre sous la forme

$$r = \Sigma c_{kl} x_k x'_l.$$

Les coefficients c_{kl} étant des fonctions entières de $\mu_1, \mu_2, \dots$ et des quantités ε dont le module ne surpasse pas $\frac{1}{2}$, on pourra assigner une limite supérieure de leurs modules en fonction de $\mu_1, \dots, \mu_n$, et par suite en fonction de μ_1 et de Δ.

13. Si nous persistions à considérer toutes les formes de l'espèce g et de déterminant Δ, les résultats qui précèdent n'auraient que peu d'utilité, car, dans ces formes, le minimum μ_1 peut évidemment acquérir tous les degrés possibles de petitesse, et, comme il entre en dénominateur dans les limites supérieures des quantités $\mu_2, \dots, \mu_n$, ces limites pourront devenir aussi grandes qu'on le voudra et ne nous apprendront rien d'essentiel.

Mais, si nous bornons notre examen à une certaine catégorie de formes, définies de telle façon qu'on ait l'assurance que μ_1 n'y puisse s'abaisser au-dessous d'une certaine limite fixe λ, l'inégalité

$$\mu_1 \overline{\overline{>}} \lambda,$$

jointe aux précédentes, fournira un système complet d'inégalités, qui permettront d'assigner à chacune des quantités $\mu_1, \ldots, \mu_n$ et aux modules de $c_{11}, \ldots, c_{nn}$ une limite supérieure en fonction de Δ.

Supposons, par exemple, que nous ne nous occupions que des formes g à coefficients entiers. Les diverses valeurs que prennent ces formes quand on assigne aux variables des valeurs entières étant nécessairement entières, on aura $\mu_1 \overline{\overline{>}} 1$, et l'on aura cette proposition :

Toute forme g de déterminant Δ et à coefficients entiers est arithmétiquement équivalente à une forme réduite r dont les coefficients ont leurs modules limités en fonction de Δ.

D'ailleurs, les coefficients de g étant entiers, ceux de son équivalente r le seront évidemment. Ils ne seront donc susceptibles que d'un nombre fini de valeurs distinctes, d'où ce théorème :

Les formes g à coefficients entiers et de déterminant Δ se distribuent en un nombre fini de classes.

14. Soient maintenant g et h deux formes quelconques de même déterminant. Proposons-nous de rechercher si elles sont équivalentes et, dans le cas de l'affirmative, quelles sont les substitutions qui les transforment l'une dans l'autre.

Pour résoudre cette question, on déterminera par le procédé indiqué ci-dessus deux réduites r et s respectivement équivalentes à g et à h.

Si g et h sont équivalentes, r et s le seront, et réciproquement. Soient d'ailleurs $U_1, \ldots, U_\rho, \ldots$ les substitutions qui transforment r en s, R et S les substitutions par lesquelles on a passé respectivement de g à r et de h à s. Les substitutions qui transforment g en h seront évidemment les suivantes : $RU_1S^{-1}, \ldots, RU_\rho S^{-1}$.

Le problème se trouve ainsi ramené au cas où les formes à comparer sont toutes deux réduites.

15. Soient donc

$$r = \mu_1 \mathrm{N}(x_1 + \varepsilon_{12} x_2 + \ldots) + \ldots + \mu_n \mathrm{N} x_n = \Sigma b_{kl} x_k x'_l$$

et

$$s = \nu_1 \mathrm{N}(x_1 + \eta_{12} x_2 + \ldots) + \ldots + \nu_n \mathrm{N} x_n = \Sigma c_{kl} x_k x'_l$$

deux formes réduites, et soit

$$\mathrm{U} = \begin{vmatrix} a_{11} & \ldots & a_{1n} \\ \ldots & \ldots & \ldots \\ a_{n1} & \ldots & a_{nn} \end{vmatrix}$$

une substitution de déterminant 1 et à coefficients entiers qui transforme r en s.

L'identification de s avec la transformée de r par U donne les équations de condition suivantes :

(7) $$c_{kk} = \mu_1 \mathrm{N} \mathrm{M}_{1k} + \ldots + \mu_n \mathrm{N} \mathrm{M}_{nk},$$

(8) $$c_{kl} = \mu_1 \mathrm{M}_{1k} \mathrm{M}'_{1l} + \ldots + \mu_n \mathrm{M}_{nk} \mathrm{M}'_{nl},$$

en posant, pour abréger,

$$\mathrm{M}_{\lambda k} = a_{\lambda k} + \varepsilon_{\lambda, \lambda+1} a_{\lambda+1, k} + \ldots + \varepsilon_{\lambda n} a_{nk},$$

et désignant par $\mathrm{M}'_{\lambda k}$ l'expression conjuguée de $\mathrm{M}_{\lambda k}$.

Considérons d'abord l'équation (7). Tous ses termes étant réels et positifs, on en déduira l'inégalité

$$\mu_\lambda \mathrm{N} \mathrm{M}_{\lambda k} \leqq c_{kk},$$

valable pour toute valeur de λ et de k.

On a d'ailleurs

$$c_{kk} = \nu_1 \mathrm{N} \eta_{1k} + \nu_2 \mathrm{N} \eta_{2k} + \ldots + \nu_k.$$

Enfin, s étant réduite, on aura, pour toutes les valeurs de k et de l,

$$\mathrm{N} \eta_{kl} \leqq \tfrac{1}{2}, \quad \nu_{k+1} \geqq \tfrac{1}{2} \nu_k,$$

d'où

$$\nu_1 \leqq 2^{k-1} \nu_k, \quad \nu_2 \leqq 2^{k-2} \nu_k, \quad \ldots$$

On aura donc

$$c_{kk} \leqq (2^{k-2} + 2^{k-3} + \ldots + 1 + 1)\nu_k \leqq 2^{k-1}\nu_k,$$

et *a fortiori*

(9) $$\mu_\lambda \mathrm{NM}_{\lambda k} \leqq 2^{k-1}\nu_k \leqq 2^{n-1}\nu_k.$$

16. Cela posé, nous allons démontrer qu'on a pour toute valeur de λ l'inégalité

$$2^{2n-2}\nu_\lambda \geqq \mu_\lambda.$$

Supposons, en effet, qu'on pût assigner à λ une valeur ρ satisfaisant à l'inégalité

$$2^{2n-2}\nu_\rho < \mu_\rho.$$

On aurait, pour toute valeur de λ non moindre que ρ et pour toute valeur de k non supérieure à ρ,

$$\mu_\lambda \geqq \frac{1}{2^{\lambda-\rho}}\mu_\rho, \quad \nu_k \leqq 2^{\rho-k}\nu_\rho,$$

d'où

$$\mathrm{NM}_{\lambda k} \leqq \frac{2^{n-1}\nu_k}{\mu_\lambda} \leqq \frac{2^{n-1+\lambda-k}\nu_\rho}{\mu_\rho} \leqq \frac{2^{2n-2}\nu_\rho}{\mu_\rho} < 1.$$

Posant d'abord $\lambda = n$ dans cette formule, elle donnera

$$\mathrm{N}a_{nk} < 1, \quad \text{d'où} \quad a_{nk} = 0,$$

a_{nk} étant entier par définition.

Posant ensuite $\lambda = n - 1$ et tenant compte de la relation $a_{nk} = 0$, il viendra

$$\mathrm{N}a_{n-1,k} < 1, \quad \text{d'où} \quad a_{n-1,k} = 0.$$

Continuant ainsi, on trouvera généralement

$$a_{\lambda k} = 0 \quad \text{si} \quad \lambda \geqq \rho, \quad k \leqq \rho,$$

ce qui est impossible, car il est clair que ces valeurs des coefficients a annuleraient le déterminant de U.

17. La forme s étant réciproquement transformée en r par la substitution U^{-1}, on établira, par un raisonnement tout semblable, l'inégalité

$$2^{2n-2}\mu_\lambda \leqq \nu_\lambda.$$

18. Nous allons maintenant établir que *chacun des coefficients a_{ik} a son module inférieur à une limite fixe, ne dépendant que du nombre n des variables.*

Pour établir cette proposition, substituons dans la relation (9), à la place de ν_k, sa limite supérieure $2^{2n-2}\mu_k$; il viendra

$$\text{(10)} \qquad NM_{\lambda l} \leqq \frac{2^{3n-3}\mu_l}{\mu_\lambda}.$$

Posons maintenant, pour abréger,

$$2^{4n-5} = \delta,$$

et admettons d'abord que pour toute valeur de l'indice k on ait

$$\text{(11)} \qquad \mu_{k+1} \leqq \delta\mu_k.$$

On en déduira immédiatement

$$\text{(12)} \qquad \mu_k \leqq \delta^{k-\lambda}\mu_\lambda \leqq \delta^{n-1}\mu_\lambda \quad \text{si} \quad k > \lambda.$$

On a d'ailleurs

$$\mu_k \leqq 2^{\lambda-k}\mu_\lambda \leqq 2^{n-1}\mu_\lambda \leqq \delta^{n-1}\mu_\lambda \quad \text{si} \quad k \leqq \lambda.$$

On aura donc dans tous les cas

$$\text{(13)} \qquad NM_{\lambda k} \leqq 2^{3n-3}\delta^{n-1}.$$

Les modules des quantités $M_{\lambda k}$ étant limités par cette relation ceux des coefficients a_{kl} le seront par les équations

$$M_{nk} = a_{nk},$$
$$M_{n-1,k} = a_{n-1,k} + \varepsilon_{n-1,n}a_{nk},$$
$$\cdots\cdots\cdots\cdots\cdots\cdots\cdots$$

19. Supposons, en second lieu, qu'il existe des valeurs de k pour lesquelles l'inégalité (11) ne soit pas satisfaite. Admettons, pour fixer les idées, qu'il y ait deux valeurs ρ et σ jouissant de cette propriété, et que σ soit la plus grande des deux.

On aura, comme dans le cas précédent,

$$\mu_k \leqq 2^{n-1}\mu_\lambda \leqq \delta^{n-1}\mu_\lambda \quad \text{si} \quad k < \lambda.$$

Cette inégalité aura encore lieu si $k > \lambda$, pourvu que ces deux indices soient tous deux $\leqq \rho$, ou tous deux $> \rho$ mais $\leqq \sigma$, ou tous deux $> \sigma$, car dans chacune de ces trois hypothèses l'inégalité (11), d'où l'on déduit l'inégalité (12), a lieu pour toutes les valeurs de l'indice comprises entre λ et k.

L'inégalité (13) aura donc lieu et limitera $M_{\lambda k}$ pour tous les systèmes de valeurs de λ et de k qui viennent d'être énumérés.

On aura d'ailleurs

$$NM_{\lambda k} < 1$$

si $k \leqq \rho$, $\lambda > \rho$ ou si $k \leqq \sigma$, $\lambda > \sigma$. En effet, soit par exemple $k \leqq \rho$, $\lambda > \rho$. On aura

$$\mu_k \leqq 2^{\rho-k}\mu_\rho,$$

$$\mu_\lambda \geqq \frac{1}{2^{\lambda-\rho-1}}\mu_{\rho+1} > \frac{\delta}{2^{\lambda-\rho-1}}\mu_\rho > \frac{\delta}{2^{\lambda-k-1}}\mu_k > \frac{\delta}{2^{n-2}}\mu_k,$$

d'où

$$NM_{\lambda k} < \frac{2^{4n-5}}{\delta} < 1.$$

Posant successivement $\lambda = n, n-1, \ldots, \rho+1$, on en déduira

$$Na_{nk} < 1, \quad \text{d'où} \quad a_{nk} = 0,$$
$$Na_{n-1,k} < 1, \quad \text{d'où} \quad a_{n-1,k} = 0,$$
$$\ldots\ldots\ldots\ldots, \qquad \ldots\ldots\ldots$$

On aura donc, si $k \leqq \rho$ et $\lambda > \rho$,

$$(14) \qquad a_{\lambda k} = 0,$$

et par suite

$$M_{\lambda k} = a_{\lambda k} + \varepsilon_{\lambda,\lambda+1}a_{\lambda+1,k} + \ldots = 0.$$

De même si $k \leqq \sigma$ et $\lambda > \sigma$.

La substitution U se réduira donc à la forme

$$\left|\begin{array}{ccccccccc}
a_{11} & \dots & a_{1\rho} & a_{1,\rho+1} & \dots & a_{1\sigma} & a_{1,\sigma+1} & \dots & a_{1n} \\
\dots & \dots & \dots & \dots & \dots & \dots & \dots & \dots & \dots \\
a_{\rho 1} & \dots & a_{\rho\rho} & a_{\rho,\rho+1} & \dots & a_{\rho\sigma} & a_{\rho,\sigma+1} & \dots & a_{\rho n} \\
0 & \dots & 0 & a_{\rho+1,\rho+1} & \dots & a_{\rho+1,\sigma} & a_{\rho+1,\sigma+1} & \dots & a_{\rho+1,n} \\
\cdot & \dots & \cdot & \dots & \dots & \dots & \dots & \dots & \dots \\
0 & \dots & 0 & a_{\sigma,\rho+1} & \dots & a_{\sigma\sigma} & a_{\sigma,\sigma+1} & \dots & a_{\sigma n} \\
0 & \dots & 0 & 0 & \dots & 0 & a_{\sigma+1,\sigma+1} & \dots & a_{\sigma+1,n} \\
\cdot & \cdot & \cdot & \cdot & \dots & \cdot & \dots & \dots & \dots \\
0 & \dots & 0 & 0 & \dots & 0 & a_{n,\sigma+1} & \dots & a_{nn}
\end{array}\right|$$

et son déterminant, qui est égal à 1, sera le produit des trois déterminants partiels

$$\Delta = \left|\begin{array}{ccc} a_{11} & \dots & a_{1\rho} \\ \dots & \dots & \dots \\ a_{\rho 1} & \dots & a_{\rho\rho} \end{array}\right|,$$

$$\Delta_1 = \left|\begin{array}{ccc} a_{\rho+1,\rho+1} & \dots & a_{\rho+1,\sigma} \\ \dots & \dots & \dots \\ a_{\sigma,\rho+1} & \dots & a_{\sigma\sigma} \end{array}\right|,$$

$$\Delta_2 = \left|\begin{array}{ccc} a_{\sigma+1,\sigma+1} & \dots & a_{\sigma+1,n} \\ \dots & \dots & \dots \\ a_{n,\sigma+1} & \dots & a_{nn} \end{array}\right|.$$

Chacun de ces déterminants se réduira donc à une unité complexe.

20. Cela posé, considérons l'équation (8), où nous supposerons d'abord $k \leqq \rho$, $l > \rho$. Elle se réduira à

$$c_{kl} = \mu_1 M_{1k} M'_{1l} + \dots + \mu_\rho M_{\rho k} M'_{\rho l},$$

car les autres termes disparaissent, $M_{\lambda k}$ s'annulant si $k \leqq \rho$, $\lambda > \rho$.

Donnons successivement à k les valeurs $1, 2, \dots, \rho$, en conservant à l une valeur constante. Nous obtiendrons un système de ρ équations linéaires pour déterminer $\mu_1 M'_{1l}, \ldots, \mu_\rho M'_{\rho l}$ en fonction de $c_{1l}, \ldots, c_{\rho l}$. Leur résolution donnera un résultat de la forme

$$\mu_k M'_{kl} = B_{1k} c_{1l} + \ldots + B_{\rho k} c_{\rho l},$$

les B désignant des coefficients à modules limités. En effet, les quantités $M_{11}, \ldots, M_{\rho\rho}$ qui multiplient les inconnues dans les équations à résoudre sont limitées par l'analyse précédente. D'autre part, ces quantités sont liées aux coefficients $a_{11}, \ldots, a_{\rho\rho}$ par la formule

$$M_{\lambda k} = a_{\lambda k} + \varepsilon_{\lambda,\lambda+1} a_{\lambda+1,k} + \ldots + \varepsilon_{\lambda,\rho} a_{\rho k}$$

(les termes suivants de l'expression générale de $M_{\lambda k}$ s'annulant en vertu de l'équation (14). Leur déterminant est donc égal à celui des quantités $a_{11}, \ldots, a_{\rho\rho}$, qui est une unité complexe.

Cela posé, on a, d'après la définition des coefficients c,

$$c_{kl} = \nu_1 n_{1k} n'_{1l} + \nu_2 n_{2k} n'_{2l} + \ldots + \nu_k n'_{kl}.$$

Or les n ont des modules limités, et l'on a d'autre part

$$\nu_1 \leqq 2^{\rho-1} \nu_\rho, \quad \ldots, \quad \nu_k \leqq 2^{\rho-k} \nu_\rho,$$

et enfin

$$\nu_\rho \leqq 2^{2n-2} \mu_\rho.$$

On aura donc

$$c_{kl} = C_{kl} \mu_\rho.$$

C_{kl} étant une quantité à module limité. Substituant cette valeur dans l'expression de $\mu_k M'_{kl}$, il viendra

$$M'_{kl} = (B_{1k} C_{1l} + \ldots + B_{\rho k} C_{\rho l}) \frac{\mu_\rho}{\mu_k}.$$

Mais on a par hypothèse

$$\frac{\mu_\rho}{\mu_k} \leqq \delta^{\rho-k};$$

donc M'_{kl} et sa conjuguée M_{kl} auront des modules limités.

21. Supposons maintenant $k > \rho \leqq \sigma$ et $l > \sigma$. L'équation (8) deviendra dans ce cas

$$c_{kl} = \mu_1 \mathrm{M}_{1k} \mathrm{M}'_{1l} + \ldots + \mu_\sigma \mathrm{M}_{\sigma k} \mathrm{M}'_{\sigma l}$$

(les autres termes disparaissent, car $\mathrm{M}_{\lambda k}$ s'annule si $k \leqq \sigma$ et $\lambda > \sigma$).

Cette équation peut s'écrire

$$\mu_{\rho+1} \mathrm{M}_{\rho+1,k} \mathrm{M}'_{\rho+1,l} + \ldots + \mu_\sigma \mathrm{M}_{\sigma k} \mathrm{M}'_{\sigma l} = d_{kl},$$

en posant, pour abréger,

$$d_{kl} = c_{kl} - \mu_1 \mathrm{M}_{1k} \mathrm{M}'_{1l} - \ldots - \mu_\rho \mathrm{M}_{\rho k} \mathrm{M}'_{\rho l},$$

Donnons successivement à k les valeurs $\rho + 1, \ldots, \sigma$, en conservant à l une valeur constante. Nous obtiendrons un système de σ équations, qui, résolues par rapport à $\mu_{\rho+1} \mathrm{M}'_{\rho+1,l}, \ldots, \mu_\sigma \mathrm{M}'_{\sigma l}$, donneront des résultats de la forme

$$\mu_k \mathrm{M}'_{kl} = \mathrm{B}_{\rho+1,k} d_{\rho+1,l} + \ldots + \mathrm{B}_{\sigma k} d_{\sigma l}.$$

Ici encore les B sont des coefficients à modules limités, car les coefficients $\mathrm{M}_{\rho+1,\rho+1}, \ldots, \mathrm{M}_{\sigma\sigma}$ qui multiplient les inconnues dans les équations à résoudre ont des modules limités, et leur déterminant, étant égal à celui des quantités $a_{\rho+1,\rho+1}, \ldots, a_{\sigma\sigma}$, est un entier complexe.

On aura maintenant, comme tout à l'heure,

$$c_{kl} = \nu_1 \mathrm{N}_{1k} \mathrm{N}'_{1l} + \ldots + \nu_k \mathrm{N}'_{kl},$$

$$\nu_1 \leqq 2^{\sigma-1} \nu_\sigma, \quad \ldots, \quad \nu_k \leqq 2^{\sigma-k} \nu_\sigma,$$

$$\nu_\sigma \leqq 2^{2n-2} \mu_\sigma.$$

En outre, $\mathrm{M}_{1k}, \mathrm{M}'_{1l}, \ldots, \mathrm{M}'_{\rho l}, \mathrm{M}'_{\rho k}$ sont limités par l'analyse précédente, et enfin l'on a

$$\mu_1 \leqq 2^{\sigma-1} \mu_\sigma, \quad \ldots, \quad \mu_\rho \leqq 2^{\sigma-\rho} \mu_\sigma.$$

On aura, par suite,

$$d_{kl} = \mathrm{C}_{kl} \mu_\sigma,$$

C_{kl} étant une quantité à module limité. On en déduira enfin, comme tout à l'heure, que M'_{kl} et sa conjuguée M_{kl} ont des modules limités.

Ce résultat achève de montrer que le module de la quantité M_{kl} est limité pour tout système de valeurs des indices k et l. Les modules des coefficients a_{kl}, définis par les relations

$$\begin{aligned} M_{nl} &= a_{nl}, \\ M_{n-1,l} &= a_{n-1,l} + \epsilon_{n-1,n} a_{nl}, \\ &\dots\dots\dots\dots\dots\dots \end{aligned}$$

seront également limités.

22. Nous pouvons donc énoncer ce théorème :

THÉORÈME. — *Les substitutions à coefficients entiers et de déterminant* 1 *qui sont susceptibles de transformer une forme réduite* r *en une autre forme réduite ont les modules de tous leurs coefficients limités. La limite ne dépend que du nombre des variables.*

On voit par là qu'on n'aura qu'un nombre limité d'essais à faire pour constater l'équivalence de deux formes réduites et trouver les transformations de l'une dans l'autre.

Les transformations d'une réduite en elle-même rentrent comme cas particulier dans la question que nous venons de traiter. Il suffit de supposer que r et s sont identiques.

23. La théorie qui précède est immédiatement applicable à l'étude des substitutions linéaires.

Soit en effet

$$S = \begin{vmatrix} x_1 & a_{11}x_1 + \dots + a_{1n}x_n \\ \dots & \dots\dots\dots\dots \\ x_n & a_{n1}x_1 + \dots + a_{nn}x_n \end{vmatrix}$$

une semblable substitution, et soit Δ la norme de son déterminant. Nous ferons correspondre à la substitution S la forme

$$\begin{aligned} g &= N(a_{11}x_1 + \dots + a_{1n}x_n) + \dots + N(a_{n1}x_1 + \dots + a_{nn}x_n) \\ &= \Sigma c_{kl} x_k x'_l, \end{aligned}$$

et, si cette forme est réduite, nous dirons que la substitution S est elle-même réduite.

On pourra dans ce cas mettre g sous la forme

$$\mu_1 \mathrm{N}(x_1 + \varepsilon_{12} x_2 + \ldots) + \ldots + \mu_n \mathrm{N} x_n,$$

avec les conditions

$$\mathrm{N}\varepsilon_{kl} \leqq \tfrac{1}{2}, \quad \mu_{k+1} \geqq \tfrac{1}{2}\mu_k, \quad \mu_1 \ldots \mu_n = \Delta.$$

Cela posé, les modules des coefficients de S seront limités supérieurement en fonction de Δ et de μ_1. On a en effet

$$c_{kk} = \mathrm{N}a_{1k} + \ldots + \mathrm{N}a_{nk},$$

d'où l'on déduit *a fortiori*, pour toute valeur de k et de λ,

$$\mathrm{N}a_{\lambda k} \leqq c_{kk} \leqq \mu_1 \mathrm{N}\varepsilon_{1k} + \mu_2 \mathrm{N}\varepsilon_{2k} + \ldots + \mu_k \leqq 2^{k-1}\mu_k,$$

et, d'autre part, μ_k se trouve limité en fonction de Δ et de μ_1 par les relations (6).

24. Nous remarquerons enfin que, si S n'est pas réduite, on pourra déterminer une substitution T à coefficients entiers et de déterminant 1 telle que ST soit une réduite.

Posons en effet

$$\mathrm{T} = \begin{vmatrix} x_1 & b_{11}x_1 + \ldots + b_{1n}x_n \\ \ldots & \ldots\ldots\ldots\ldots\ldots \\ x_n & b_{n1}x_1 + \ldots + b_{nn}x_n \end{vmatrix}.$$

La substitution

$$\mathrm{ST} = \begin{vmatrix} x_1 & a_{11}(b_{11}x_1 + \ldots + b_{1n}x_n) + \ldots + a_{1n}(b_{n1}x_1 + \ldots + b_{nn}x_n) \\ \ldots & \ldots\ldots\ldots\ldots\ldots\ldots\ldots\ldots\ldots\ldots\ldots\ldots \\ x_n & a_{n1}(b_{11}x_1 + \ldots + b_{1n}x_n) + \ldots + a_{nn}(b_{n1}x_1 + \ldots + b_{nn}x_n) \end{vmatrix}$$

aura évidemment pour correspondante la transformée de g par T, laquelle deviendra réduite par un choix convenable des coefficients b_{kl}.

III.

25. Considérons une famille de formes algébriquement équivalentes, à n variables. Soit $F(x_1, \ldots, x_n)$ une de ces formes, choisie arbitrairement. Une autre forme G de cette famille sera dite *réduite par rapport à* F si, parmi les substitutions qui transforment F en G, il en existe une qui soit réduite.

Si G n'est pas réduite, elle sera équivalente à une réduite. En effet, soit S une quelconque des substitutions qui transforment F en G, et soit T une substitution de déterminant 1 et à coefficients entiers telle que ST soit réduite. La forme H, transformée de G par T, sera équivalente à G; elle sera d'ailleurs réduite, car F est transformée en H par la substitution ST.

26. Soient G une forme réduite,

$$S = \begin{vmatrix} x_1 & a_{11}x_1 + \ldots + a_{1n}x_n \\ \ldots & \ldots\ldots\ldots\ldots\ldots \\ x_n & a_{n1}x_1 + \ldots + a_{nn}x_n \end{vmatrix}$$

la substitution réduite qui transforme F en G,

$$\begin{aligned} g &= N(a_{11}x_1 + \ldots + a_{1n}x_n) + \ldots + N(a_{n1}x_1 + \ldots + a_{nn}x_n) \\ &= \mu N(x_1 + \varepsilon_{12}x_2 + \ldots) + \ldots + \mu_n N x_n \end{aligned}$$

la forme bilinéaire correspondante. Nous avons vu que les coefficients $a_{\lambda k}$ sont limités par la formule

$$N a_{\lambda k} \leqq 2^{k-1}\mu_k$$

ou

$$\operatorname{mod} a_{\lambda k} \leqq \sqrt{m_k},$$

en posant, pour abréger,

$$m_k = 2^{k-1}\mu_k.$$

27. On déduit aisément de là une limite supérieure du module de chacun des coefficients de G en fonction des quantités m_k et des modules des coefficients de F. En effet, considérons par exemple le coefficient $M_{\lambda_1\ldots\lambda_n}$ du terme en $x_1^{\lambda_1}\ldots x_n^{\lambda_n}$. Il a pour expression symbolique

$$\frac{1}{\lambda_1!\ldots\lambda_n!}\left(a_{11}\frac{d}{dx_1}+\ldots+a_{n1}\frac{d}{dx_n}\right)^{\lambda_1}\ldots\left(a_{1n}\frac{d}{dx_1}+\ldots+a_{nn}\frac{d}{dx_n}\right)^{\lambda_n}\mathrm{F}$$

et se compose d'une somme de termes dont chacun contient λ_1 facteurs de la suite $a_{11}, \ldots, a_{n1}$, λ_2 facteurs de la suite $a_{12}, \ldots, a_{n2}$, etc.

Remplaçant chacun de ces termes par une limite supérieure de son module, on aura pour limite du module de $M_{\lambda_1\ldots\lambda_n}$ l'expression suivante :

$$\frac{1}{\lambda_1!\ldots\lambda_n!}\sqrt{m_1^{\lambda_1}\ldots m_n^{\lambda_n}}.\Sigma,$$

Σ désignant la somme des modules des coefficients des divers termes.

Pour déterminer cette somme Σ, considérons un terme quelconque $\mathrm{A}x_1^{\alpha_1}\ldots x_n^{\alpha_n}$ de la fonction F. En le soumettant à l'opération

$$a_{1k}\frac{d}{dx_1}+\ldots+a_{nk}\frac{d}{dx_n},$$

on obtiendra l'expression

$$\alpha_1\mathrm{A}a_{1k}x_1^{\alpha_1-1}\ldots x_n^{\alpha_n}+\ldots+\alpha_n\mathrm{A}a_{nk}x_1^{\alpha_1}\ldots x_n^{\alpha_n},$$

où la somme des modules des coefficients sera

$$(\alpha_1+\ldots+\alpha_n)\operatorname{mod}\mathrm{A}=m\operatorname{mod}\mathrm{A}.$$

m désignant le degré de F.

L'opération ci-dessus, appliquée à une forme homogène de degré m, multipliera donc par m la somme des modules des coefficients, en même temps qu'elle diminuera le degré d'une unité. En exécutant successivement $\lambda_1+\ldots+\lambda_n=m$ opérations de cette espèce sur la forme F, on aura donc multiplié par $m!$ la somme des modules des coefficients; on aura donc, en désignant par s la somme des modules des coefficients de F,

$$\Sigma=m!s,$$

d'où

(15) $$\operatorname{mod}M_{\lambda_1\ldots\lambda_n}\leqq\frac{m!}{\lambda_1!\ldots\lambda_n!}\sqrt{m_1^{\lambda_1}\ldots m_n^{\lambda_n}}\,s.$$

28. Nous n'avons fait jusqu'à présent aucune hypothèse sur la valeur des coefficients de G. Supposons maintenant qu'ils soient entiers. Nous allons démontrer que $m_1, \ldots, m_n$ sont limités supérieurement en fonction de s, pourvu que le degré m des formes contenues dans la famille que l'on considère surpasse 2 et que leur discriminant ne soit pas nul.

On a par définition

$$m_k = 2^{k-1}\mu_k.$$

D'ailleurs, $\mu_2, \ldots, \mu_n$ sont limités supérieurement en fonction de μ_1 par les relations (6), où l'on doit poser $\Delta = 1$, les quantités a_{kl} ayant l'unité pour déterminant.

Il nous suffira donc, pour établir notre proposition, d'assigner une limite inférieure à la quantité $\mu_1 = m_1$ qui figure en dénominateur dans les expressions précédentes et pour laquelle les équations (6) nous fournissent déjà une limite supérieure.

Si l'on avait $m_1 \overline{\overline{>}} 1$, cette limite serait toute trouvée. Supposons donc $m_1 < 1$ et posons

$$m_k = m_1^{\rho_k}.$$

Les exposants $\rho_1, \ldots, \rho_k, \ldots$ formeront une suite non croissante. On a en effet

$$m_1^{\rho_{k+1}} = 2^k\mu_{k+1} \overline{\overline{>}} 2^{k-1}\mu_k \overline{\overline{>}} m_k \overline{\overline{>}} m_1^{\rho_k},$$

d'où

$$\rho_{k+1} \overline{\overline{<}} \rho_k.$$

D'ailleurs, le premier terme de cette suite est évidemment égal à l'unité.

29. Cela posé, soit p une quantité positive quelconque inférieure à $\frac{m-2}{2}$ et à n, et soit y une quantité variable d'une manière continue de 1 à $\frac{p}{n}$. Désignons par Y le nombre des termes de la suite $\rho_1, \ldots, \rho_n$ qui sont au moins égaux à y, par Y′ le nombre des termes de cette même suite qui ne sont pas supérieurs à $-(m-1-p)y$.

Supposons d'abord que dans tout l'intervalle où nous faisons varier y on ait constamment $Y' \overline{\overline{>}} Y$.

Soient $\rho_1, \dots, \rho_i$ ceux des termes de la suite qui sont au moins égaux à $\frac{p}{n}$, et soit ρ_k l'un quelconque d'entre eux. La suite $\rho_1 + \dots + \rho_n$, contenant k termes au moins égaux à ρ_k, en contiendra, par hypothèse, au moins k qui ne surpassent pas $-(m-1-p)\rho_k$.

On aura donc

$$\rho_{n-k+1} \leqq -(m-1-p)\rho_k$$

pour toute valeur de k non supérieure à i, et par suite

$$\begin{aligned}\rho_1 + \dots + \rho_n &\leqq \rho_1 + \dots + \rho_i + \rho_{i+1} + \dots + \rho_{n-i} \\ &\quad - (m-1-p)(\rho_1 + \dots + \rho_i) \\ &\leqq \rho_{i+1} + \dots + \rho_{n-i} - (m-2-p)(\rho_1 + \dots + \rho_i).\end{aligned}$$

Mais on a

$$\rho_1 + \dots + \rho_i \geqq \rho_1 \geqq 1,$$

et, d'autre part, $\rho_{i+1}, \dots, \rho_{n-i}$ sont $< \frac{p}{n}$. Donc

$$\rho_1 + \dots + \rho_n < \frac{p}{n}(n-2i) - (m-2-p) < -(m-2-2p).$$

On a d'ailleurs

$$\mu_1 \mu_2 \dots \mu_n = 1$$

ou, en remplaçant $\mu_1, \dots, \mu_n$ par leurs valeurs,

$$\mu_k = 2^{k-1} m_1^{\rho_k}, \quad \dots,$$

$$2^{\frac{n(n-1)}{2}} m_1^{\rho_1 + \dots + \rho_n} = 1,$$

et enfin

$$2^{\frac{n(n-1)}{2}} m_1^{-(m-2-2p)} \leqq 1,$$

inégalité qui limitera m_1.

30. Admettons, au contraire, qu'on puisse assigner à y une valeur telle que l'on ait $Y' < Y$.

L'inégalité (15) pourra s'écrire

$$\operatorname{mod} M_{\lambda_1, \dots, \lambda_n} \leqq s \frac{m!}{\lambda_1! \dots \lambda_n!} m_1^{\frac{1}{2}(\lambda_1 \rho_1 + \dots + \lambda_n \rho_n)}$$

et limitera inférieurement m_1 si l'entier $M_{\lambda_1 \ldots \lambda_n}$ est différent de zéro (auquel cas son module sera $\overline{\gtrless} 1$) et si en même temps l'exposant $\lambda_1\rho_1 + \ldots + \lambda_n\rho_n$ est positif et limité inférieurement.

Cette dernière condition sera toujours satisfaite si $\lambda_{Y+1}, \ldots, \lambda_n$ sont nuls. En effet, $\rho_1, \ldots, \rho_Y$ étant au moins égaux à y, qui lui-même n'est pas inférieur à $\frac{p}{n}$, et la somme des entiers λ étant d'autre part égale à m, on aura

$$\lambda_1\rho_1 + \ldots + \lambda_n\rho_n \overline{\gtrless} (\lambda_1 + \ldots + \lambda_Y)\frac{p}{n} \overline{\gtrless} \frac{mp}{n}.$$

Elle sera encore satisfaite si les quantités $\lambda_{n-Y'+1}, \ldots, \lambda_n$ sont nulles, les quantités $\lambda_{Y+1}, \ldots, \lambda_{n-Y'}$ l'étant également, sauf l'une d'elles, λ_i, qui se réduit à l'unité. On aura en effet, par définition,

$$\rho_i > -(m-1-p)y$$

et par suite

$$\begin{aligned}\lambda_1\rho_1 + \ldots + \lambda_n\rho_n &> (\lambda_1 + \ldots + \lambda_Y)y - (m-1-p)y \\ &> (m-1)y - (m-1-p)y > py > \frac{p^2}{n}.\end{aligned}$$

Pour échapper aux limitations que nous trouvons ainsi pour m_1, il faudrait donc admettre que tous ceux des termes de G qui ne sont pas du premier degré au moins par rapport aux variables $x_{n-Y'+1}, \ldots, x_n$ ou du second degré au moins par rapport à $x_{Y+1}, \ldots, x_{Y'}$ ont zéro pour coefficient.

Mais, si cela avait lieu, les dérivées $\frac{dG}{dx_1}, \ldots, \frac{dG}{dx_n}$ s'annuleraient toutes pour les systèmes de valeurs de $x_1, \ldots, x_n$ qui satisfont aux équations

$$\begin{gathered}x_{Y+1} = 0, \quad \ldots, \quad x_n = 0, \\ \frac{dG}{dx_{n-Y'+1}} = 0, \quad \ldots, \quad \frac{dG}{dx_n} = 0,\end{gathered}$$

dont le nombre $n - Y + Y'$ est $< n$ par hypothèse. Donc le discriminant de G, et par suite celui de toutes les formes de la famille, serait nul, contrairement à ce qui a été supposé.

31. Dans l'expression des diverses limites trouvées pour m, figure l'arbitraire p. Il sera aisé de la déterminer de manière à rendre aussi élevée que possible la plus petite de ces limites, qui devra être adoptée comme limite définitive.

Cette limite dépend encore de la somme s des modules des coefficients de la forme F, arbitrairement choisie dans la famille. Mais on sait que celle-ci peut être déterminée de telle sorte que ces modules soient limités en fonction entière des invariants (et des coefficients numériques des covariants nuls). Les modules des coefficients des réduites seront, dans ce cas, limités de la même manière. D'ailleurs, ces coefficients sont entiers. Le nombre des réduites possibles sera donc limité.

Enfin, toute forme à coefficients entiers équivaut à une réduite dont les coefficients sont également entiers. Nous avons donc ce théorème :

Théorème. — *Le nombre des classes distinctes entre lesquelles se distribuent les formes à coefficients entiers contenues dans une même famille est limité en fonction des invariants (et des coefficients des covariants identiquement nuls). Chacune de ces classes contient une réduite où les modules des coefficients sont limités en fonction des mêmes quantités.*

Rappelons toutefois que la démonstration que nous venons de donner suppose : 1° que les formes considérées ne sont pas quadratiques; 2° que leur discriminant n'est pas nul. Si ces deux conditions n'étaient pas satisfaites, le théorème ne serait pas vrai sans restriction.

32. Soient maintenant F et G deux formes à coefficients entiers appartenant à la même famille. Proposons-nous de reconnaître si elles sont équivalentes et, dans le cas de l'affirmative, de trouver toutes les transformations entières de F en G.

On a vu dans la première Section : 1° que les substitutions (à coefficients quelconques) qui transforment F en G forment un nombre limité de suites distinctes; 2° que les substitutions d'une de ces suites ont pour forme générale AP, A étant une substitution dont les coefficients sont limités en fonction des coefficients de F et de G, et P un produit de substitutions infinitésimales dont chacune transforme G en elle-même.

Soient I_1, I_2, ... ces substitutions infinitésimales, dont P est le produit. Chacune des substitutions

$$1, \quad K_1 = I_1, \quad \ldots, \quad K_\rho = I_1 I_2 \ldots I_\rho, \quad \ldots, \quad P$$

transformera G en elle-même; elles forment d'ailleurs une suite continue, chacune d'elles étant le produit de la précédente par une substitution infinitésimale.

La substitution 1, par laquelle commence la série, est évidemment réduite. Si les autres le sont également, jusqu'à la dernière P, cette substitution étant réduite et transformant G en une forme à coefficients entiers (qui n'est autre que G elle-même), les modules de ses coefficients seront limités en fonction de la somme des modules des coefficients de G (**25** à **30**).

33. Supposons au contraire qu'en parcourant la série 1, K_1, K_2, ..., P on arrive à une substitution K_ρ qui ne soit plus réduite. Soit S_1 la substitution par laquelle il faut multiplier K_ρ pour la réduire. Il est clair que le passage entre les substitutions 1, K_1, K_2, ..., qui sont naturellement réduites, et les substitutions suivantes K_ρ, ..., qui le deviennent après multiplication par S_1, s'opérera par une substitution K qui réunit ces deux propriétés. Donc la forme bilinéaire g correspondant à K et sa transformée par S_1, qui correspond à KS_1, seront toutes deux réduites; donc S_1 sera l'une des substitutions qui transforment l'une dans l'autre deux formes bilinéaires réduites, et ses coefficients auront leurs modules limités en fonction du nombre n des variables (**22**).

D'autre part, S_1 transformera G en une autre forme G_1 à coefficients entiers. Cette forme est d'ailleurs une réduite par rapport à G, car, K transformant G en elle-même, G sera transformé en G_1 par la substitution réduite KS_1.

34. Posons maintenant

$$K_\rho S_1 = L_0, \quad K_{\rho+1} S_1 = L_1, \quad \ldots,$$

d'où

$$K_\rho = L_0 S_1^{-1}, \quad K_{\rho+1} = L_1 S_1^{-1}, \quad \ldots.$$

Chacune des substitutions K_ρ, $K_{\rho+1}$, ... transformant G en elle-même, chacune des substitutions L_0, L_1, ... la transformera en G_1. La première de ces substitutions L_0 est réduite, par hypothèse; mais supposons qu'en parcourant la suite L_0, L_1, ... on arrive à une substitution L_σ qui ne soit plus réduite. Soit S_2 la substitution par laquelle il faut la multiplier pour la réduire. Le passage entre les substitutions L_0, L_1, ..., naturellement réduites, et les suivantes L_σ, ..., qui le deviennent après multiplication par S_2, se fera par une substitution L qui réunit ces deux propriétés. On en conclura que les coefficients de S_2 ont leurs modules limités en fonction de n.

D'autre part, S_2 transforme G_1 en une forme G_2 à coefficients entiers. Cette forme sera réduite par rapport à G, car G est transformé en G_2 par la substitution réduite LS_2.

Nous pourrons maintenant poser

$$L_\sigma S_2 = M_0, \quad L_{\sigma+1} S_2 = M_1, \quad \ldots,$$

d'où

$$K_{\rho+\sigma} = L_\sigma S_1^{-1} = M_0 S_2^{-1} S_1^{-1}, \quad K_{\rho+\sigma+1} = M_1 S_2^{-1} S_1^{-1}, \quad \ldots.$$

La substitution M_0 est réduite. Si toutes les substitutions M_0, M_1, ... ne le sont pas, on continuera de même, et l'on arrivera finalement à un résultat tel que le suivant :

$$P = Q S_\lambda^{-1} \ldots S_2^{-1} S_1^{-1}.$$

Dans cette formule, S_1, S_2, ..., S_λ désignent des substitutions, à coefficients entiers et limités en fonction de n, telles que chacune d'elles S_k transforme G_{k-1} en G_k, G, G_1, ..., G_λ étant une série de formes à coefficients entiers, réduites par rapport à G; Q désigne d'autre part une substitution réduite, qui transforme G en G_λ; ses coefficients sont donc limités en fonction de ceux de G.

35. Cela posé, admettons que le nombre des réduites distinctes à coefficients entiers par rapport à G soit fini (ce qui aura lieu en général, et notamment toutes les fois que le discriminant de G ne sera pas nul, ainsi qu'on l'a vu plus haut). Soit l ce nombre. Nous allons établir que, si $\lambda \overline{\gtrless} 2l$, P est le produit d'une substitution analogue P_1, contenant moins de facteurs, par une substitution T à coefficients entiers contenant moins de $2l$ facteurs, ces deux substitutions transformant G en elle-même.

En effet, la suite $G, G_1, \ldots, G_\lambda$ ne pouvant contenir plus de l termes distincts, parmi les $l+1$ termes $G, G_1, \ldots, G_l$ on en trouvera au moins deux qui coïncident. Soient $G_\rho = G_\sigma$ ces deux termes, σ étant $> \rho$. En posant

$$P_1 = QS_\lambda^{-1} \ldots S_{\sigma+1}^{-1} S_\rho^{-1} S_{\rho-1}^{-1} \ldots S_1^{-1},$$
$$T = S_1 \ldots S_\rho S_\sigma^{-1} \ldots S_1^{-1},$$

il est clair que P_1 et T satisferont aux conditions de l'énoncé.

Si P_1 contient encore au moins $2l$ facteurs de l'espèce S, on pourra la décomposer de même en un produit de deux substitutions. On obtiendra enfin un résultat de la forme

$$P = P_\mu T_{\mu-1} \ldots T_1,$$

d'où

$$AP = AP_\mu T_{\mu-1} \ldots T_1.$$

Chacune des substitutions AP_μ, $T_{\mu-1}$, ..., T_1, étant le produit d'un nombre limité de facteurs dont les coefficients sont limités (en fonction des modules des coefficients de F et de G), aura ses coefficients limités.

36. Nous obtenons donc ce théorème :

Théorème. — *Soient* F, G *deux formes de degré m à n variables algébriquement équivalentes et à coefficients entiers, l le nombre des formes à coefficients entiers algébriquement équivalentes à* G *et réduites par rapport à* G.

Toute substitution qui transforme F *en* G *sera le produit d'une substitution analogue* AP_μ, *où les modules des coefficients sont limités en fonction de l, m, n et des modules des coefficients de* F *et de* G, *par une substitution*

$T_{\mu-1} \ldots T_1$, *à coefficients entiers, résultant de la combinaison des substitutions infinitésimales qui transforment* G *en elle-même.*

Cette dernière substitution peut elle-même être décomposée en un produit de substitutions de même nature $T_{\mu-1}, \ldots, T_1$, *où les modules des coefficients sont limités en fonction de* l *et de* n.

37. Ce théorème permet de réduire en général à un nombre limité d'opérations la recherche des substitutions à coefficients entiers qui transforment F en G. En effet, soit $S = AP_\mu T_{\mu-1} \ldots T_1$ l'une quelconque d'entre elles.

Le nombre l étant limité en général en fonction de m, n et des modules des coefficients de G (31), les modules des coefficients des substitutions AP_μ, $T_{\mu-1}, \ldots, T_1$ seront limités en fonction de m, n et des modules des coefficients de F et de G.

En second lieu, si les invariants de G ne sont pas tous nuls, chacune des substitutions infinitésimales qui transforment G en elle-même aura l'unité pour déterminant. En effet, elle doit reproduire les invariants, et d'autre part elle multiplie chacun d'eux par une puissance finie de son déterminant. Donc ce déterminant est une racine de l'unité ; mais il diffère infiniment peu de l'unité, la substitution étant infinitésimale : donc il lui est rigoureusement égal.

Les substitutions $T_{\mu-1}, \ldots, T_1$, étant des produits de ces substitutions infinitésimales, auront l'unité pour déterminant. De plus leurs coefficients sont entiers. Donc $T_1^{-1}, \ldots$ et enfin $ST_1^{-1} \ldots T_{\mu-1}^{-1} = AP_\mu$ auront leurs coefficients entiers.

Les coefficients de AP_μ, étant ainsi entiers et limités, ne seront susceptibles que d'un nombre limité de systèmes de valeurs. En essayant successivement ces divers systèmes, on s'assurera si les substitutions correspondantes transforment effectivement F en G. Si aucune d'elles ne satisfait à cette condition, F et G ne seront pas équivalentes. Dans le cas contraire, on obtiendra par là les diverses formes dont le facteur AP_μ est susceptible.

Les substitutions $T_1, T_2, \ldots$, ayant leurs coefficients entiers et limités, ne seront susceptibles que d'un nombre limité de formes distinctes. Parmi les substitutions ainsi obtenues, on cherchera quelles sont celles qui transforment G en elle-même.

Cela posé, toutes les substitutions cherchées s'obtiendront en multipliant successivement les divers facteurs AP_μ par les diverses substitutions dérivées de la combinaison de T_1, T_2, ...

38. Pour diminuer le nombre des essais à faire, il conviendra d'ailleurs de remplacer la comparaison directe des formes F et G par celle des réduites équivalentes dont les coefficients ont leurs modules limités en fonction des invariants (et des coefficients des covariants nuls). Les modules des coefficients des substitutions AP_μ, T_1, T_2, ... seront limités en fonction des mêmes quantités.

39. La méthode précédente se simplifie lorsqu'il n'existe aucune substitution infinitésimale qui transforme G en elle-même.

Dans ce cas, chacune des suites de substitutions qui transforment F en G se réduit à une seule substitution A. Le nombre des substitutions qui transforment F en G sera donc limité. Les modules de leurs coefficients sont d'ailleurs limités en fonction entière des modules des coefficients de F et de G. Une série limitée d'essais suffira donc pour trouver celles de ces substitutions dont les coefficients seraient entiers.

40. Le cas signalé au numéro précédent se présentera toujours si le discriminant de G n'est pas nul, le degré m de cette forme étant toujours supposé > 2.

Supposons, en effet, que G soit transformée en elle-même par une substitution infinitésimale

$$S = \begin{vmatrix} a_{11} & \dots & a_{1n} \\ \dots & \dots & \dots \\ a_{n1} & \dots & a_{nn} \end{vmatrix}.$$

Le discriminant n'étant pas nul, S aura pour déterminant l'unité.

Formons l'équation caractéristique

$$\begin{vmatrix} a_{11}-s & \dots & a_{1n} \\ \dots\dots & \dots & \dots \\ a_{n1} & \dots & a_{nn}-s \end{vmatrix} = 0$$

Ses racines $s, \ldots, s_n$ seront très voisines de l'unité. Leur produit est d'ailleurs égal au déterminant de S. On aura donc

$$s_1 \ldots s_n = 1.$$

Cette équation donne les deux suivantes :

$$(16) \qquad \operatorname{logmod} s_1 + \ldots + \operatorname{logmod} s_n = 0,$$
$$(17) \qquad \arg s_1 + \ldots + \arg s_n = 0.$$

41. Admettons d'abord que l'équation (16) contienne des termes différents de zéro. Supposons que les termes y soient rangés par ordre de grandeur décroissante, et posons

$$\operatorname{logmod} s_\mu = \rho_\mu \operatorname{logmod} s_1.$$

Les quantités $\rho_1, \ldots, \rho_n$ formeront une suite décroissante, satisfaisant aux conditions

$$(18) \qquad \begin{cases} \rho_1 = 1, \\ \rho_1 + \ldots + \rho_n = 0. \end{cases}$$

Soit maintenant, comme au n° **29**, p une quantité positive quelconque, inférieure à $\frac{m-2}{2}$ et à n, et soit y une quantité variable d'une manière continue de 1 à $\frac{p}{n}$. Désignons par Y le nombre des termes de la suite $\rho_1, \ldots, \rho_n$ qui sont au moins égaux à y, par Y' le nombre des termes de cette même suite qui ne surpassent pas $-(m-1-p)y$. On pourra donner à y une valeur telle que l'on ait $Y' < Y$.

En effet, s'il en était autrement, on aurait (**29**)

$$\rho_1 + \ldots + \rho_n < -(m-2-2p) < 0,$$

contrairement à la relation (18).

Admettons donc qu'on ait choisi y de telle sorte qu'on ait $Y' < Y$, et considérons l'expression

$$\lambda_1 \rho_1 + \ldots + \lambda_n \rho_n,$$

où $\lambda_1, \ldots, \lambda_n$ sont des entiers non négatifs ayant pour somme m. Si

$$\lambda_{Y'+1} + \ldots + \lambda_n = 0,$$

cette expression sera positive et $\lesseqgtr \frac{mp}{n}$. Si

$$\lambda_{Y'+1} + \ldots + \lambda_{n-Y'} = 1 \quad \text{et} \quad \lambda_{n-Y'+1} + \ldots + \lambda_n = 0,$$

elle sera encore positive et $\lesseqgtr \frac{p^2}{n}$ (30). Dans l'un et l'autre cas, on aura

$$\lambda_1 \log \operatorname{mod} s_1 + \ldots + \lambda_n \log \operatorname{mod} s_n = (\lambda_1 \rho_1 + \ldots + \lambda_n \rho_n) \log \operatorname{mod} s_1 > 0,$$

d'où

$$\operatorname{mod} s_1^{\lambda_1} \ldots s_n^{\lambda_n} > 1.$$

Donc $s_1^{\lambda_1} \ldots s_n^{\lambda_n}$ différera de l'unité.

42. Supposons, en second lieu, que tous les termes de l'équation (16) soient nuls, mais que l'une des quantités $\arg s_1, \ldots, \arg s_n$ soit différente de zéro. Ces quantités étant supposées rangées par ordre de grandeur décroissante, posons

$$\arg s_\mu = \rho_\mu \arg s_1.$$

L'équation (17) pourra s'écrire

$$\rho_1 + \ldots + \rho_n = 0,$$

et un raisonnement identique au précédent montre qu'on aura, pour les systèmes de valeurs de $\lambda_1, \ldots, \lambda_n$ analogues à ceux que nous avons considérés,

$$\lambda_1 \rho_1 + \ldots + \lambda_n \rho_n > 0,$$

d'où

$$\lambda_1 \arg s_1 + \ldots + \lambda_n \arg s_n > 0,$$

et enfin

$$\arg s_1^{\lambda_1} \ldots s_n^{\lambda_n} > 0.$$

Cet argument, étant d'ailleurs très petit, sera $< 2\pi$; on aura donc

$$s_1^{\lambda_1} \ldots s_n^{\lambda_n} \gtrless 1.$$

43. Enfin, si toutes les quantités $\log \operatorname{mod} s_\mu$, $\arg s_\mu$ sont nulles, on aura

$$s_1 = s_2 = \ldots = s_n = 1.$$

44. Ces préliminaires posés, soient S′ et G′ les transformées de la substitution S et de la forme G par une substitution linéaire quelconque T. Puisque, par hypothèse, S transforme G en elle-même, S′ transformera évidemment G′ en elle-même, et, pour démontrer que le discriminant de G ne peut être différent de zéro, il suffit évidemment de montrer que le discriminant de G′, qui lui est égal, à une puissance près du déterminant de T, est lui-même nécessairement nul.

On peut d'ailleurs profiter de l'indétermination de la substitution T pour ramener S′ à la forme canonique. Si les racines $s_1, \ldots, s_n$ étaient toutes distinctes, cette forme canonique serait, comme on sait, la suivante :

$$| x_1, x_2, \ldots, x_n \quad s_1 x_1, s_2 x_2, \ldots, s_n x_n |.$$

Mais, s'il y a des racines égales, la forme canonique pourra être un peu plus compliquée. Son expression générale sera de l'espèce suivante :

$$\left| \begin{array}{ll} x_1, x_2, \ldots, x_\alpha & s_1(x_1 + x_2), s_1(x_2 + x_3), \ldots, s_1 x_\alpha \\ x_{\alpha+1}, \ldots, x_\beta & s_{\alpha+1}(x_{\alpha+1} + x_{\alpha+2}), \ldots, s_{\alpha+1} x_\beta \\ \ldots\ldots\ldots\ldots & \ldots\ldots\ldots\ldots\ldots\ldots\ldots\ldots \end{array} \right|$$

(les racines $s_1, s_{\alpha+1}, \ldots$ n'étant pas nécessairement inégales).

Nous supposerons, pour fixer les idées et simplifier les écritures, que l'on a simplement

$$S' = \left| \begin{array}{ll} x_1, x_2, \ldots & s_1(x_1 + x_2), s_1 x_2 \\ x_3 & s_3 x_3 \\ \ldots & \ldots \\ x_n & s_n x_n \end{array} \right|.$$

On verra aisément que la démonstration est générale.

Soit

$$G' = \Sigma a_{\lambda_1,\dots,\lambda_n} x_1^{\lambda_1} \dots x_n^{\lambda_n}.$$

Égalons le coefficient du terme général dans cette expression et dans sa transformée

$$G'' = \Sigma s_1^{\lambda_1+\lambda_2} s_3^{\lambda_3} \dots s_n^{\lambda_n} a_{\lambda_1,\dots,\lambda_n} (x_1 + x_2)^{\lambda_1} x_2^{\lambda_2} \dots x_n^{\lambda_n};$$

on obtiendra une équation de la forme

$$(19)\quad \begin{cases} a_{\lambda_1,\dots,\lambda_n} = s_1^{\lambda_1+\lambda_2} s_3^{\lambda_3} \dots s_n^{\lambda_n} \Big[a_{\lambda_1,\dots,\lambda_n} + (\lambda_1 + 1) a_{\lambda_1+1,\lambda_2-1,\dots,\lambda_n} \\ \qquad\qquad + \dfrac{(\lambda_1+1)(\lambda_1+2)}{1.2} a_{\lambda_1+2,\lambda_2-2,\dots,\lambda_n} + \dots \Big], \end{cases}$$

où l'on s'arrêtera, dans la parenthèse, aux termes où commenceraient à apparaître des indices négatifs.

45. Cela posé, admettons d'abord que $s_1, \dots, s_n$ ne se réduisent pas tous à l'unité. Nous avons vu qu'on pouvait déterminer deux entiers Υ et Υ' tels qu'on eût $\Upsilon > \Upsilon'$, et que la quantité

$$s_1^{\lambda_1} s_2^{\lambda_2} \dots s_n^{\lambda_n} = s_1^{\lambda_1+\lambda_2} \dots s_n^{\lambda_n}$$

fût différente de l'unité pour toutes les valeurs de $\lambda_1, \dots, \lambda_n$ qui satisfont à la relation

$$(20)\qquad \lambda_{\Upsilon+1} + \dots + \lambda_n = 0$$

ou aux deux relations simultanées

$$(21)\qquad \lambda_{\Upsilon+1} + \dots + \lambda_{\Upsilon'} = 1, \quad \lambda_{\Upsilon'+1} + \dots + \lambda_n = 0.$$

Pour tous ces systèmes de valeurs, on aura $a_{\lambda_1,\dots,\lambda_n} = 0$. Considérons en effet ceux de ces systèmes dans lesquels on a en outre $\lambda_2 = 0$. L'équation (19) se réduira à

$$(22)\qquad a_{\lambda_1,\dots,\lambda_n} = s_1^{\lambda_1+\lambda_2} \dots s_n^{\lambda_n} a_{\lambda_1,\dots,\lambda_n},$$

d'où

(23) $$a_{\lambda_1,\dots,\lambda_n} = 0,$$

$s_1^{\lambda_1+\lambda_2}\dots s_n^{\lambda_n}$ étant $\gtrless 1$.

Passons aux systèmes où $\lambda_2 = 1$. L'équation (19) se réduit encore à la forme (22), en remarquant que $a_{\lambda_1+1,\lambda_2-1,\dots,\lambda_n}$ est nul d'après ce qui vient d'être démontré. Donc l'équation (23) sera encore satisfaite. Il en sera de même si $\lambda_2 = 2, 3, \dots$.

L'équation (23) étant ainsi satisfaite pour tous les systèmes de valeurs qui satisfont aux équations (20) ou (21), on voit, comme au n° **50**, que le discriminant de G' est nul.

46. Supposons enfin $s_1 = \dots = s_n = 1$. Si dans l'équation (19) nous posons $\lambda_2 = 1$, elle se réduira à

(24) $$(\lambda_1 + 1) a_{\lambda_1+1,0,\dots,\lambda_n} = 0.$$

Cette équation montre que tous ceux des coefficients $a_{\lambda_1,\dots,\lambda_n}$ où le second indice est nul et le premier indice supérieur à zéro sont nuls.

Posons ensuite $\lambda_2 = 2$. L'équation (19) se réduira à

$$(\lambda_1 + 1) a_{\lambda_1+1,1,\dots,\lambda_n} = 0,$$

car le terme suivant s'annule en vertu de ce qu'on vient d'établir.

Donc ceux des coefficients où le second indice est égal à 1 et le premier indice supérieur à zéro sont nuls.

Continuant ainsi, on verra que tous les coefficients dont le premier indice est supérieur à zéro s'annulent. Donc la forme G' ne contiendra que des termes indépendants de x_1, et son déterminant sera évidemment nul.

SUR LA

RÉDUCTION DES SUBSTITUTIONS LINÉAIRES,

PAR M. CAMILLE JORDAN,
Professeur à l'École Polytechnique.

THÉORÈME. — *Toute substitution linéaire* S *à* n *variables et de déterminant* D *peut être mise sous la forme* ETE′, E *et* E′ *étant des substitutions à coefficients entiers et de déterminant* 1, *et* T *une substitution dont les coefficients ont leurs normes inférieures à* $k_n\sqrt[n]{\Delta}$, Δ *désignant la norme de* D *et* k_n *une constante qui ne dépend que de* n.

Cette proposition est évidente si $n = 1$, auquel cas on aura $k_1 = 1$. Nous allons démontrer que, si elle est vraie pour les substitutions à $n-1$ variables, elle le sera pour celles à n variables.

Pour plus de simplicité, nous supposerons $n = 3$.

Soit

$$S = \begin{vmatrix} x & ax+by+cz \\ y & a'x+b'y+c'z \\ z & a''x+b''y+c''z \end{vmatrix} = \begin{vmatrix} a & b & c \\ a' & b' & c' \\ a'' & b'' & c'' \end{vmatrix}$$

la substitution donnée. Désignons par A, B, ..., C″ les mineurs $\frac{dD}{da}$, $\frac{dD}{db}$, ..., $\frac{dD}{dc''}$.

Nous considérerons comme équivalente à S toute substitution de la forme ESE′, où E, E′ sont des substitutions de déterminant 1 et à coefficients entiers. Si nous montrons que parmi ces substitutions il en est une T dont les coefficients ont leurs normes inférieures à $k_n\sqrt[n]{\Delta}$, le théorème sera démontré. En effet, de l'égalité

$$ESE' = T$$

on déduira

$$S = E^{-1}TE'^{-1},$$

équation dans laquelle E^{-1} et E'^{-1} ont leurs coefficients entiers et leur déterminant égal à 1.

Les substitutions à coefficients entiers et de déterminant 1 résultent, comme on sait, de la combinaison de substitutions analogues à la suivante,

$$F = \begin{vmatrix} 1 & \lambda & 0 \\ 0 & 1 & 0 \\ 0 & 0 & 1 \end{vmatrix},$$

où λ est un entier.

On a évidemment

$$FS = \begin{vmatrix} a+\lambda a' & b+\lambda b' & c+\lambda c' \\ a' & b' & c' \\ a'' & b'' & c'' \end{vmatrix},$$

$$SF = \begin{vmatrix} a & b+\lambda a & c \\ a' & b'+\lambda a' & c' \\ a'' & b''+\lambda a'' & c'' \end{vmatrix}.$$

Les substitutions équivalentes à S s'obtiendront donc par la combinaison des opérations qui consistent à ajouter aux coefficients d'une même ligne ou d'une même colonne ceux d'une autre ligne ou d'une autre colonne, multipliés par un entier constant.

Il est facile de voir quelle sera l'influence de ces opérations sur les mineurs

$$\begin{matrix} A & B & C \\ A' & B' & C' \\ A'' & B'' & C'' \end{matrix}$$

En effet, les mineurs de FS seront évidemment

$$\begin{array}{ccc} A & B & C \\ A' - \lambda A & B' - \lambda B & C' - \lambda C \\ A'' & B'' & C'' \end{array}$$

et ceux de SF seront

$$\begin{array}{ccc} A - \lambda B & B & C \\ A' - \lambda B' & B' & C' \\ A'' - \lambda B'' & B'' & C'' \end{array}$$

Le Tableau des mineurs subira donc des altérations de même nature que celui des coefficients.

Deux cas seront à distinguer ici, suivant que les mineurs A, B, ..., C″ sont ou non commensurables entre eux.

Premier cas. — Si les mineurs n'ont aucune mesure commune, il en existera au moins deux situés sur une même ligne ou sur une même colonne et qui ne soient pas commensurables entre eux. Admettons, par exemple, que A et B soient incommensurables entre eux.

La substitution SF aura pour mineurs, au lieu de A et B, $A_1 = A - \lambda B$ et B, et l'on pourra déterminer l'entier λ de telle sorte que l'on ait

$$\text{norme } A_1 \overset{=}{<} \tfrac{1}{2} \text{ norme } B.$$

Posant ensuite

$$F_1 = \begin{vmatrix} 1 & 0 & 0 \\ \lambda_1 & 1 & 0 \\ 0 & 0 & 1 \end{vmatrix},$$

la substitution SFF_1 aura pour mineurs A_1 et $B_1 = B - \lambda_1 A_1$. L'entier λ_1 pourra être déterminé de telle sorte qu'on ait

$$\text{norme} B_1 \overset{=}{<} \tfrac{1}{2} \text{norme} A_1.$$

Continuant ainsi, on arrivera à une substitution $SFF_1 \ldots F_{m-1}$, où les mineurs $\mathcal{A}$ et $\mathcal{B}$, correspondant à A et B, seront d'un degré de petitesse arbitraire; on en déduira enfin une substitution $SFF_1 \ldots F_m = \Sigma$ ayant pour premier mineur $\mathcal{A} - \lambda_m \mathcal{B}$, et λ_m pourra être déterminé de telle sorte que la norme de $\mathcal{A} - \lambda_m \mathcal{B}$, que nous désignerons par $\mathfrak{N}$, diffère infiniment peu de $\Delta^{\frac{n-1}{n}}$.

Soit

$$\Sigma = \begin{vmatrix} \alpha & \beta & \gamma \\ \alpha' & \beta' & \gamma' \\ \alpha'' & \beta'' & \gamma'' \end{vmatrix}$$

cette substitution. Considérons la substitution à deux variables

$$\sigma = \begin{vmatrix} y & \beta' y + \gamma' z \\ z & \beta'' y + \gamma'' z \end{vmatrix},$$

dont le déterminant a pour norme $\mathfrak{N}$. On aura, par hypothèse,

$$\sigma = e\mathrm{U}e',$$

e, e' étant des substitutions à déterminant 1 et à coefficients entiers, et

$$\mathrm{U} = \begin{vmatrix} y & \beta'_1 y + \gamma'_1 z \\ z & \beta''_1 y + \gamma''_1 z \end{vmatrix}$$

une substitution dont les coefficients ont leur norme inférieure à $k_{n-1} \sqrt[n-1]{\mathfrak{N}}$, et par suite à $k_{n-1} \Delta^{\frac{1}{n}}$, puisque $\mathfrak{N}$ est infiniment voisin de $\Delta^{\frac{n-1}{n}}$.

Cela posé, soient E, E' les substitutions à trois variables qui n'altèrent pas x et altèrent y et z de la même manière que les substitutions e, e'. On aura évidemment

$$\Sigma = \mathrm{EUE}',$$

U étant une substitution de la forme

$$\mathrm{U} = \begin{vmatrix} \alpha_1 & \beta_1 & \gamma_1 \\ \alpha'_1 & \beta'_1 & \gamma'_1 \\ \alpha''_1 & \beta''_1 & \gamma''_1 \end{vmatrix}$$

et qui sera équivalente à S.

La substitution

$$\begin{Bmatrix} 1 & 0 & 0 \\ \lambda & 1 & 0 \\ \mu & 0 & 1 \end{Bmatrix} \mathrm{U} \begin{Bmatrix} 1 & \lambda' & \mu' \\ 0 & 1 & 0 \\ 0 & 0 & 1 \end{Bmatrix}$$

$$= \begin{Bmatrix} \alpha_1 & \beta_1 + \lambda'\beta'_1 + \mu'\beta''_1 & \gamma_1 + \lambda'\gamma'_1 + \lambda''\gamma''_1 \\ \alpha'_1 + \lambda\beta'_1 + \mu\gamma'_1 & \beta'_1 & \gamma'_1 \\ \alpha''_1 + \lambda\beta''_1 + \mu\beta''_1 & \beta''_1 & \gamma''_1 \end{Bmatrix} = \mathrm{T},$$

où λ, μ, λ', μ' sont des entiers, sera encore équivalente à S; mais on pourra déterminer ces entiers de telle sorte que tous les coefficients de T soient du même ordre de grandeur que $\Delta^{\frac{1}{n}}$.

En effet, soient ξ et η les solutions des deux équations linéaires

$$\alpha'_1 + \xi\beta'_1 + \eta\gamma'_1 = 0, \quad \alpha''_1 + \xi\beta''_1 + \eta\gamma''_1 = 0.$$

Prenons pour λ et μ les deux entiers dont la partie réelle et la partie imaginaire diffèrent respectivement de la partie réelle et de la partie imaginaire de ξ et de η de quantités au plus égales à $\frac{1}{2}$. On aura

$$\mathrm{mod}(\alpha'_1 + \lambda\beta'_1 + \mu\gamma'_1) = \mathrm{mod}[(\lambda - \xi)\beta'_1 + (\mu - \eta)\gamma'_1].$$

Mais on a évidemment

$$\mathrm{mod}(\lambda - \xi) \leqq \sqrt{\tfrac{1}{2}}, \quad \mathrm{mod}(\mu - \eta) \leqq \sqrt{\tfrac{1}{2}},$$

$$\mathrm{mod}\,\beta'_1 < \sqrt{k_{n-1}\Delta^{\frac{1}{n}}}, \quad \mathrm{mod}\,\gamma'_1 < \sqrt{k_{n-1}\Delta^{\frac{1}{n}}},$$

d'où

$$\mathrm{mod}(\alpha'_1 + \lambda\beta'_1 + \mu\gamma'_1) < \sqrt{2k_{n-1}\Delta^{\frac{1}{n}}},$$

et enfin

$$\mathrm{norme}(\alpha'_1 + \lambda\beta'_1 + \mu\gamma'_1) < 2k_{n-1}\Delta^{\frac{1}{n}}.$$

De même pour la norme de $\alpha''_1 + \lambda\beta''_1 + \mu\gamma''_1$.

On pourra disposer de même de λ' et de μ' de telle sorte que $\beta_1 + \lambda'\beta'_1 + \mu\beta''_1$ et $\gamma_1 + \lambda'\gamma'_1 + \lambda''\gamma''_1$ aient une norme inférieure à cette même limite.

Enfin α_1 sera limité d'une façon analogue. En effet, T ayant D pour déterminant, on aura, en désignant par s la somme des termes de ce déterminant qui ne contiennent pas α_1 en facteur,

$$\alpha_1 \begin{vmatrix} \beta'_1 & \gamma'_1 \\ \beta''_1 & \gamma''_1 \end{vmatrix} = D - s,$$

d'où

$$\operatorname{mod} \alpha_1 \Delta^{\frac{n-1}{2n}} \overline{\overline{<}} \operatorname{mod} D + \operatorname{mod} s.$$

Mais D a pour module $\sqrt{\Delta}$. D'autre part, s est formé de $(n-1).1.2\ldots(n-1)$ termes dont chacun contient n facteurs, tous de module inférieur à $\sqrt{2k_{n-1}\Delta^{\frac{1}{n}}}$. On aura donc

$$\Delta^{\frac{n-1}{2n}} \operatorname{mod} \alpha_1 < \sqrt{\Delta}\left[1 + (n-1)(n-1)!\,(2k_{n-1})^{\frac{n}{2}}\right]$$

et enfin

$$\operatorname{norme} \alpha_1 < k_n \Delta^{\frac{1}{n}},$$

en posant, pour abréger,

$$\left[1 + (n-1)(n-1)!\,(2k_{n-1})^{\frac{n}{2}}\right]^2 = k_n.$$

Deuxième cas. — Admettons en second lieu que les mineurs A, B, ..., C″ aient une commune mesure δ. Les coefficients $a, b, \ldots, c''$ seront également commensurables entre eux.

Il suffit évidemment de prouver que les coefficients appartenant à une même ligne ou à une même colonne sont commensurables entre eux, car deux quantités commensurables à une troisième le sont entre elles.

Or les coefficients a, b, c, par exemple, satisfont aux équations

$$A'a + B'b + C'c = 0,$$
$$A''a + B''b + C''c = 0$$

ou, en remplaçant A′, B′, ... par les entiers $\alpha', \beta', \ldots$, qui leur sont proportionnels,

$$\alpha' a + \beta' b + \gamma' c = 0,$$
$$\alpha'' a + \beta'' b + \gamma'' c = 0.$$

Donc les rapports de a, b, c seront rationnels.

Soit donc δ la commune mesure des coefficients $a, b, \ldots, c''$. On aura

$$S = \begin{vmatrix} \delta & 0 & 0 \\ 0 & \delta & 0 \\ 0 & 0 & \delta \end{vmatrix} S',$$

S' ayant pour coefficients des nombres entiers sans diviseur commun et pour déterminant $\frac{D}{\delta^n} = D'$.

Toute substitution ESE' équivalente à S sera de la forme

$$E \begin{vmatrix} \delta & 0 & 0 \\ 0 & \delta & 0 \\ 0 & 0 & \delta \end{vmatrix} S'E' = \begin{vmatrix} \delta & 0 & 0 \\ 0 & \delta & 0 \\ 0 & 0 & \delta \end{vmatrix} ES'E' = T.$$

Le théorème sera vrai pour la substitution S s'il l'est pour la substitution S'; en effet, on pourra déterminer E et E' de telle sorte que les coefficients de ES'E' aient une norme inférieure à $k_n \Delta'^{\frac{1}{n}}$, Δ' désignant la norme de D'. Ceux de T auront leur norme inférieure à $k_n \Delta'^{\frac{1}{n}}$ norme $\delta = k_n \Delta^{\frac{1}{n}}$.

Il ne reste donc qu'à démontrer le théorème pour les substitutions à coefficients entiers.

Soit S une semblable substitution. Parmi les substitutions équivalentes à celle-là, choisissons-en une

$$U = \begin{vmatrix} a & b & c \\ a' & b' & c' \\ a'' & b'' & c'' \end{vmatrix},$$

jouissant de la propriété d'avoir un coefficient de norme aussi petite que possible, tout en restant > 0.

On peut admettre que ce coefficient est a. En effet, si c'était b'', par exemple, on pourrait remplacer la substitution U par son équivalente

$$\begin{vmatrix} 0 & 0 & 1 \\ 0 & 1 & 0 \\ -1 & 0 & 0 \end{vmatrix} U \begin{vmatrix} 0 & -1 & 0 \\ 1 & 0 & 0 \\ 0 & 0 & 1 \end{vmatrix} = \begin{vmatrix} b'' & -a'' & c'' \\ b' & -a' & c' \\ -b & a & -c \end{vmatrix},$$

qui a b'' pour premier coefficient.

On pourra, en outre, supposer les coefficients b, c nuls. En effet, il suffira, au besoin, de remplacer U par son équivalente

$$\begin{vmatrix} a & b+\lambda a & c+\lambda' a \\ a' & b'+\lambda a' & c'+\lambda' a' \\ a'' & b''+\lambda a'' & c''+\lambda' a'' \end{vmatrix}$$

et de déterminer les entiers λ, λ' de telle sorte que $b+\lambda a$ et $c+\lambda' a$ aient une norme inférieure à celle de a. Cette norme devra être nulle, par hypothèse.

On voit de même qu'on peut rendre nuls les coefficients a', a''. U pourra donc être supposé de la forme

$$\begin{vmatrix} a & 0 & 0 \\ 0 & b' & c' \\ 0 & b'' & c'' \end{vmatrix}.$$

Parmi les substitutions de cette forme équivalentes à S, choisissons l'une de celles où l'un des coefficients b', c', b'', c'' a la plus petite norme, sans toutefois s'annuler. On verra, comme tout à l'heure, qu'on peut admettre que b' est ce coefficient minimum, et que c' et b'' sont nuls.

Enfin chacun des coefficients restants a, b', c'' divisera le précédent. En effet, la substitution

$$U = \begin{vmatrix} a & 0 & 0 \\ 0 & b' & 0 \\ 0 & 0 & c'' \end{vmatrix}$$

est équivalente à la suivante,

$$\begin{vmatrix} a & \lambda a + b' & \lambda' a + c'' \\ 0 & b' & 0 \\ 0 & 0 & c'' \end{vmatrix},$$

et les entiers λ, λ' peuvent être choisis de telle sorte que $\lambda a + b'$, $\lambda' a + c''$ aient une norme moindre que a, et par suite s'annulent. Donc b' et c'' sont des multiples de a. On voit de même que c'' est un multiple de b'.

On aura donc, en désignant par p, q des entiers, $b' = ap$, $c'' = apq$,

$$U = \begin{vmatrix} a & 0 & 0 \\ 0 & ap & 0 \\ 0 & 0 & apq \end{vmatrix}, \quad D = a^3 p^2 q.$$

Cela posé, la substitution U est équivalente à celle-ci,

$$\begin{vmatrix} a & 0 & 0 \\ 0 & ap & 0 \\ a & 0 & apq \end{vmatrix},$$

puis à celle-ci

$$V = \begin{vmatrix} a & 0 & \lambda a \\ 0 & ap & 0 \\ a & 0 & apq + \lambda a \end{vmatrix},$$

λ étant un entier.

On peut donner à λ une valeur telle que le mineur

$$A = \begin{vmatrix} ap & 0 \\ 0 & apq + \lambda a \end{vmatrix} = a^2 p \lambda + a^2 p^2 q$$

ait une norme non supérieure à $\frac{1}{2}$norme$(a^2 p)$ et un module non supérieur à $\sqrt{\frac{1}{2}}\operatorname{mod} a^2 p$. Si nous faisons croître λ d'une, deux, trois unités, etc., A éprouvera une suite d'accroissements égaux à $a^2 p$, et mod A variera de quantités au plus égales à $\bmod a^2 p$. Il devient d'ailleurs infini avec λ. Il existera donc une valeur au moins de λ pour laquelle $\bmod A$ différera de $\Delta^{\frac{n-1}{2n}}$ d'une quantité au plus égale à $\frac{1}{2} \bmod a^2 p$. On aura, par suite,

$$\text{norme}\,A = \left(\Delta^{\frac{n-1}{2n}} \pm \varepsilon\right)^2, \quad \varepsilon \leqq \tfrac{1}{2} \bmod a^2 p.$$

Mais, p et q étant des entiers dont le module est au moins 1, on aura

$$\Delta^{\frac{n-1}{2n}} = \bmod (a^2 p^2 q)^{\frac{n-1}{n}} \geqq \bmod a^2 p^{\frac{4}{3}} \geqq \bmod a^2 p \, (^1).$$

On aura donc

$$\text{norme}\,A = \theta \Delta^{\frac{n-1}{n}},$$

θ étant compris entre $\left(\frac{1}{2}\right)^2$ et $\left(\frac{3}{2}\right)^2$.

Le théorème étant supposé vrai pour les substitutions à deux variables la substitution

$$u = \begin{vmatrix} y & apy \\ z & (apq + \lambda a) z \end{vmatrix},$$

dont le déterminant a pour norme $\theta \Delta^{\frac{n-1}{n}}$, aura une équivalente

$$v = \begin{vmatrix} y & \beta' y + \gamma' z \\ z & \beta'' y + \gamma'' z \end{vmatrix},$$

dans laquelle les coefficients auront une norme inférieure à $k_{n-1}\, \theta^{\frac{1}{n-1}} \Delta^{\frac{1}{n}}$.

La substitution U sera évidemment équivalente à une substitution de la forme

$$V = \begin{vmatrix} a & b & c \\ 0 & \beta' & \gamma' \\ a & \beta'' & \gamma'' \end{vmatrix}.$$

(¹) n est égal à 3 dans l'exemple que nous traitons.

Achevant ensuite la discussion comme dans l'examen du premier cas, on verra qu'on peut la transformer en une substitution équivalente

$$\begin{vmatrix} \alpha & \beta & \gamma \\ \alpha' & \beta' & \gamma' \\ \alpha'' & \beta'' & \gamma'' \end{vmatrix},$$

où les normes de $\beta, \gamma, \alpha', \alpha''$ sont inférieures à $2k_{n-1}\theta^{\frac{1}{n-1}}\Delta^{\frac{1}{n}}$, et celle de α inférieure à

$$\left[1 + (n-1)(n-1)!\left(2k_{n-1}\theta^{\frac{1}{n-1}}\right)^{\frac{n}{2}}\right]^2 \Delta^{\frac{1}{n}}.$$

Le théorème est donc complètement démontré.

32

Jordan (Camille

Sur la théorie arithmétique
des formes quadratiques

(Extrait du 51e cahier du journal de l'École Polytechnique

JOURNAL

DE

L'ÉCOLE POLYTECHNIQUE.

SUR LA THÉORIE ARITHMÉTIQUE

DES FORMES QUADRATIQUES,

PAR M. CAMILLE JORDAN.

Les questions traitées dans ce Mémoire sont les suivantes :

1° *Étant données deux formes quadratiques* F *et* G *à* n *variables et à coefficients entiers complexes de la forme* $a + bi$, *reconnaître si* F *contient* G, *et déterminer, s'il y a lieu, les substitutions à coefficients entiers qui transforment* F *en* G.

2° *Trouver les représentations d'un entier complexe, ou plus généralement d'une forme* G *à moins de* n *variables, par une forme* F *à* n *variables.*

M. Hermite a traité le premier de ces deux problèmes pour les formes ternaires à coefficients réels (*Journal de Crelle*, t. 47). On trouve d'ailleurs dans ses Mémoires tous les éléments nécessaires pour étendre la solution aux formes à n variables et à coefficients complexes. Il existe toutefois un cas exceptionnel où cette belle méthode nous paraît avoir besoin d'être complétée : c'est celui où il existerait une infinité de réduites (définies à la manière de M. Hermite) équivalentes à la forme F.

La seconde question a été traitée par Gauss pour les formes ternaires (*Disquisitiones arithmeticæ*, nos 278-284). Il réduit le problème de la représentation des nombres à celui de la représentation des formes binaires, qu'il ramène à son tour à celui de l'équivalence des formes ternaires.

Il paraît difficile d'étendre la méthode de l'illustre auteur aux formes à plus de trois variables. Nous indiquerons un autre procédé plus analogue à celui qu'on emploie pour les formes binaires, et par lequel la question se ramène directement et sans intermédiaire au problème de l'équivalence.

I. — Réduction des formes quadratiques.

1. Soient F et G deux formes quadratiques à coefficients entiers; D et Δ leurs discriminants; S une substitution telle, que la transformée FS de F par S soit identique à G. Le déterminant δ de S sera déterminé par la relation connue

$$D\delta^2 = \Delta.$$

Si F contient G, S pourra être déterminée de telle sorte que ses coefficients soient entiers; donc $\frac{\Delta}{D}$ sera entier et carré parfait.

On sait d'ailleurs que toute substitution S à coefficients entiers et de déterminant δ peut être mise (d'une seule manière) sous la forme TU, U désignant une substitution à coefficients entiers et de déterminant 1, et T une substitution de la forme

$$\begin{vmatrix} \alpha_{11} & 0 & 0 & \ldots \\ \alpha_{21} & \alpha_{22} & 0 & \ldots \\ \cdot & \ldots & \ldots & \ldots \\ \alpha_{n1} & \alpha_{n2} & \ldots & \alpha_{nn} \end{vmatrix},$$

où les coefficients sont entiers, et limités par les relations

$$\alpha_{11}\alpha_{22}\ldots\alpha_{nn} = \delta,$$
$$\alpha_{kl} = 0, \quad \text{si} \quad k < l,$$
$$\alpha_{kl} = \alpha_{ll}(p_{kl} + iq_{kl}), \quad \text{si} \quad k > l,$$
$$(p_{kl} \text{ et } q_{kl} \text{ étant } > -\tfrac{1}{2} \text{ mais } \leqq \tfrac{1}{2}).$$

Cela posé, la relation

$$G = FS = FTU$$

montre que G est proprement équivalente à FT.

Pour obtenir les transformations de F en G, il faudra donc donner successivement à T les diverses valeurs dont elle est susceptible; on obtiendra ainsi des transformées FT, FT′, ..., en nombre limité. On cherchera ensuite, pour chacune d'elles, les substitutions U de déterminant 1 qui la transforment en G.

Le problème général de la transformation d'une forme quadratique en une autre se trouve donc ramené au cas où la substitution transformante a l'unité pour déterminant.

2. La solution de la question ainsi simplifiée dépend de la considération des formes bilinéaires de M. Hermite

$$\varphi = N(\alpha_{11}x_1 + \ldots + \alpha_{1n}x_n) + \ldots + N(\alpha_{n1}x_1 + \ldots + \alpha_{nn}x_n)$$

[le symbole $N(x)$ représentant la norme de x].

Une expression de cette forme est dite *réduite*, si l'on a identiquement

$$\begin{aligned}\varphi = {} & \mu_1 N(x_1 + \varepsilon_{12}x_2 + \ldots + \varepsilon_{1n}x_n) \\ & + \mu_2 N(x_2 + \varepsilon_{23}x_3 + \ldots + \varepsilon_{2n}x_n) + \ldots + \mu_n N x_n,\end{aligned}$$

$\mu_1, \mu_2, \ldots$ étant des quantités positives satisfaisant aux relations

$$(1) \qquad \mu_{k+1} \geqq \tfrac{1}{2}\mu_k, \quad \mu_1\mu_2 \ldots \mu_n = \delta$$

(δ désignant la norme du déterminant des coefficients α), et $\varepsilon_{12}, \ldots, \varepsilon_{n-1,n}$ des quantités complexes dont la norme ne surpasse pas $\frac{1}{2}$.

Nous avons montré dans un précédent Mémoire (*Journal de l'École Polytechnique*, XLVIIIe Cahier) :

1° Que toute forme φ est proprement équivalente à une forme réduite;

2° Que toute substitution

$$T = \begin{vmatrix} \beta_{11} & \dots & \beta_{1n} \\ \dots & \dots & \dots \\ \beta_{n1} & \dots & \beta_{nn} \end{vmatrix}$$

à coefficients entiers qui transforme une réduite en elle-même (ou en une autre réduite) a ses coefficients limités en fonction du nombre n des variables;

3° Enfin, que si l'un des rapports $\frac{\mu_2}{\mu_1}, \dots, \frac{\mu_n}{\mu_{n-1}}$, tel que $\frac{\mu_{\rho+1}}{\mu_\rho}$, surpasse 2^{4n-3}, on aura nécessairement

$$\beta_{kl} = 0, \text{ lorsque } k > \rho, \quad l \leqq \rho.$$

3. Une substitution

$$S = \begin{vmatrix} \alpha_{11} & \dots & \alpha_{1n} \\ \dots & \dots & \dots \\ \alpha_{n1} & \dots & \alpha_{nn} \end{vmatrix}$$

sera *réduite*, si la forme Φ qui lui correspond est réduite.

Enfin, une forme quadratique

$$G = \Sigma b_{kl} x_k x_l,$$

sera *réduite par rapport à une autre forme quadratique*

$$F = \Sigma a_{kl} x_k x_l,$$

si l'on a

$$(2) \qquad FS = G,$$

S étant une substitution réduite de déterminant 1.

Toute forme G', de même discriminant que F, est réduite ou proprement équivalente à une réduite. En effet, elle est algébriquement équivalente à F; il existe donc une substitution S' telle que l'on ait

$$FS' = G'.$$

Soient φ' la forme bilinéaire qui correspond à S'; $\varphi = \varphi' T$ sa réduite; la substitution correspondante sera évidemment S'T; et la forme

$$FS'T = G'T$$

sera réduite, et proprement équivalente à G'.

4. Supposons que la forme G, de discriminant Δ différent de zéro, soit réduite et à coefficients entiers. Cherchons quelles limitations ces hypothèses peuvent fournir pour ses coefficients.

Soient S la substitution réduite qui transforme F en G; φ la forme bilinéaire correspondante. La comparaison des deux formes de φ donnera tout d'abord

$$N\alpha_{1k} + \ldots + N\alpha_{nk} = \mu_1 N\varepsilon_{1k} + \mu_2 N\varepsilon_{2k} + \ldots + \mu_k,$$

d'où l'on déduit, quel que soit λ,

$$N\alpha_{\lambda k} \leqq \mu_1 N\varepsilon_{1k} + \mu_2 N\varepsilon_{2k} + \ldots + \mu_k,$$

ou, en tenant compte des limitations imposées aux quantités μ et ε,

$$N\alpha_{\lambda k} \leqq 2^{k-1}\mu_k,$$

et enfin

$$\operatorname{mod} \alpha_{\lambda k} \leqq 2^{\frac{k-1}{2}} \sqrt{\mu_k}.$$

On a, d'autre part, en vertu de l'équation (2),

$$b_{kl} = \sum_{\lambda, \rho} a_{\lambda\rho}(\alpha_{\lambda k}\alpha_{\rho l} + \alpha_{\lambda l}\alpha_{\rho k}),$$

d'où

$$(3) \quad \begin{cases} \operatorname{mod} b_{kl} \leqq \Sigma \operatorname{mod} a_{\lambda\rho}\alpha_{\lambda k}\alpha_{\rho l} + \Sigma \operatorname{mod} a_{\lambda\rho}\alpha_{\lambda l}\alpha_{\rho k}, \\ \qquad \leqq 2^{\frac{k+l}{2}} s\sqrt{\mu_k \mu_l}, \end{cases}$$

s désignant la somme des modules des coefficients de F.

Soient ρ et σ deux entiers quelconques non supérieurs à n, et au moins égaux respectivement à k et à l; on aura, en vertu des relations (1),

$$\mu_k \overline{\overline{<}} 2^{\rho-k}\mu_\rho, \quad \mu_l \overline{\overline{<}} 2^{\sigma-l}\mu_\sigma,$$

et par suite

(4) $$\text{mod}\, b_{kl} \overline{\overline{<}} 2^{\frac{\rho+\sigma}{2}} s\sqrt{\mu_\rho \mu_\sigma},$$

inégalité dont la relation (3) est un cas particulier.

On voit par là :

1° Que la connaissance d'une limite supérieure de $\mu_\rho \mu_\sigma$ suffira pour assigner une limite supérieure aux modules de tous ceux des coefficients b dont les indices ne surpassent pas ρ et σ;

2° Que si l'on a, en particulier,

$$\mu_\rho \mu_\sigma < \frac{1}{2^{\rho+\sigma} s^2},$$

tous ces coefficients seront nuls; car ce sont des entiers dont le module est < 1.

5. Cela posé, faisons, pour abréger,

$$2^{n+1} s^2 = m.$$

Chacun des produits

$$\mu_1 \mu_n, \quad \ldots, \quad \mu_\rho \mu_{n-\rho+1}, \quad \ldots$$

sera contenu entre $\frac{1}{m}$ et m^{n-1}.

En effet, si l'on avait

$$\mu_\rho \mu_{n-\rho+1} < \frac{1}{m},$$

on en déduirait, d'après ce qui précède,

$$b_{kl} = 0, \quad \text{si } k \overline{\overline{<}} \rho, \quad l \overline{\overline{<}} n-\rho+1,$$

et le déterminant Δ des coefficients b serait nul, contrairement à l'hypothèse.

D'autre part, S ayant pour déterminant l'unité, nous aurons

$$\mu_1 \mu_2 \ldots \mu_n = 1,$$

et, par suite,

$$(\mu_1 \mu_n)(\mu_2 \mu_{n-1}) \ldots (\mu_\rho \mu_{n-\rho+1}) \ldots = [\mu_1 \mu_2 \ldots \mu_n]^2 = 1.$$

Remplaçant tous les produits binaires, sauf un seul, par leur limite inférieure $\frac{1}{m}$, il viendra

(5) $$\mu_\rho \mu_{n-\rho+1} \overline{\overline{<}} m^{n-1}.$$

L'indice ρ étant quelconque, il résulte de cette inégalité que tous ceux des coefficients b où la somme des indices ne surpasse pas $n+1$ ont leurs modules limités.

6. Deux cas seront à distinguer pour l'étude des autres coefficients.

Premier cas. — Supposons d'abord que l'on ait constamment

(6) $$\mu_{k+1} \overline{\overline{<}} e\,\mu_k, \quad \text{lorsque} \quad k \overline{\overline{<}} \frac{n}{2},$$

e désignant une quantité positive quelconque supérieure à $2^n s^2 m^{n-1}$, et que nous nous réservons de fixer ultérieurement.

De ces relations, combinées avec les inégalités

$$\mu_k \mu_{n-k+1} \overline{\overline{<}} m^{n-1}, \quad \mu_{k+1} \mu_{n-k} \overline{\overline{<}} \frac{1}{m},$$

on déduit

(7) $$\mu_{n-k+1} \overline{\overline{<}} e m^n \mu_{n-k}, \quad \text{si} \quad k \overline{\overline{<}} \frac{n}{2}.$$

Tous les rapports $\frac{\mu_2}{\mu_1}, \ldots, \frac{\mu_n}{\mu_{n-1}}$ étant limités supérieurement par les relations (6) ou (7), leur produit $\frac{\mu_n}{\mu_1}$ le sera. Mais $\mu_1 \mu_n$ est également limité; donc $\mu_1 \mu_n$, et, par suite, les modules de tous les coefficients b, seront limités.

Les réduites obtenues dans cette hypothèse, et qu'on peut appeler *ré-*

duites ordinaires, ont donc leurs coefficients limités. Ces coefficients, étant entiers, ne sont susceptibles que d'un nombre limité de valeurs.

Deuxième cas. — Supposons, au contraire, qu'il existe des valeurs de k, non supérieures à $\frac{n}{2}$, pour lesquelles l'inégalité (6) ne soit pas satisfaite. Admettons, pour fixer les idées, qu'on ait deux semblables valeurs ρ et σ, et qu'on ait $\rho < \sigma$.

On aura tout d'abord

$$\mu_\rho \mu_{n-\rho} < \frac{1}{a}\mu_{\rho+1}\mu_{n-\rho} < \frac{1}{a} m^{n-1} < \frac{1}{2^n s^2},$$

et de même

$$\mu_\sigma \mu_{n-\sigma} < \frac{1}{2^n s^2},$$

on en déduit

$$b_{kl} = 0 \begin{cases} \text{si } k \leqq \rho, & l \leqq n-\rho, \\ \text{si } k \leqq \sigma, & l \leqq n-\sigma. \end{cases}$$

En second lieu, la relation (6) étant satisfaite, ainsi que la relation (7) qui en est la conséquence, pour toutes les valeurs de k qui sont $< \rho$, ou $> \rho$, mais $< \sigma$, ou enfin $> \sigma$, mais $\leqq \frac{n}{2}$, on aura

$$\mu_\rho \mu_n \leqq c^{\rho-1}\mu_1 \mu_n \leqq c^{\rho-1} m^{n-1},$$
$$\mu_\sigma \mu_{n-\rho} \leqq c^{\sigma-\rho+1}\mu_{\rho+1}\mu_{n-\rho} \leqq c^{\sigma-\rho+1} m^{n-1}.$$

et enfin, si τ est le plus grand entier qui soit $> \sigma$, mais $\leqq \frac{n}{2}$,

$$\mu_\tau \mu_{n-\tau} \leqq c^{\tau-\sigma+1}\mu_{\sigma+1}\mu_{n-\sigma} \leqq c^{\tau-\sigma+1} m^{n-1}.$$

Donc les coefficients b_{kl} auront leurs modules limités :

1° Si $k \leqq \rho$;

2° Si $k > \rho \leqq \sigma$, et $l \leqq n - \rho$;

3° Si $k > \sigma \leqq \frac{n}{2}$, et $l \leqq n - \sigma$.

Pour tout autre système de valeurs de k et de l, le produit $\mu_k \mu_l$, et par suite le coefficient b_{kl}, ne sera assujetti à aucune limitation.

Les réduites ainsi obtenues peuvent être appelées *réduites singulières*. Il y en aura diverses espèces, suivant le nombre et la grandeur des valeurs $\rho, \sigma, \ldots$ de l'indice k pour lesquelles l'inégalité (6) n'est pas satisfaite.

Dans les formes à cinq variables, x, y, z, u, v par exemple, on aura les trois espèces de réduites singulières suivantes :

$$(8) \quad (ax + By + \ldots + Ev)v + \text{fonction quadratique de } (y, z, u),$$

$$(9) \quad \begin{cases} (ax + by + Cz + Du + Ev)u \\ \quad + (a'x + b'y + C'z + D'u + E'v)v + c''z^2, \end{cases}$$

$$(10) \quad (ax + By + Cy + Du + Ev)v + (b'y + C'z + D'u)u + c''z^2,$$

où les coefficients non limités sont distingués par des lettres majuscules.

Chacune de ces espèces peut évidemment contenir un nombre illimité de réduites distinctes. Cette circonstance établit une différence essentielle entre les formes quadratiques et celles des degrés supérieurs, pour lesquelles le nombre des réduites est toujours limité (lorsque le discriminant n'est pas nul).

8. Mais il est aisé de voir que ces réduites, en nombre illimité, sont équivalentes à des formes analogues, où les coefficients B, C, ... sont limités.

Considérons, par exemple, une réduite de l'espèce (9). Changeons x, y en $x + \alpha z$, $y + \beta z$. Les coefficients C, C' seront changés en

$$a\alpha + b\beta + C, \quad a'\alpha + b'\beta + C'.$$

Or, on peut déterminer deux entiers γ et γ' de norme inférieure à $\frac{1}{2}N(\Delta)$, tels que l'on ait

$$C \equiv \gamma \pmod{\Delta}, \quad C' \equiv \gamma' \pmod{\Delta}.$$

Cela posé, les équations

$$a\alpha + b\beta + C = \gamma, \quad a'\alpha + b'\beta + C' = \gamma'$$

donneront pour α et β des valeurs entières; car $C-\gamma$, $C'-\gamma'$, étant divisibles par la quantité $\Delta=(ab'-ba')c''$, seront *a fortiori* divisibles par $ab'-ba'$.

On pourra donc, par un changement de variables, réduire les coefficients C, C' à avoir leurs normes $<\frac{1}{2}N(\Delta)$. On pourra réduire de même les coefficients D, D', E, E'.

Les nouvelles formes à coefficients limités ainsi obtenues ne seront plus nécessairement des réduites, dans le sens assigné précédemment à ce mot. On pourra leur donner le nom de *formes simples*.

Il importe de remarquer que, si dans une réduite singulière donnée, les coefficients C, C', ... ont des valeurs limitées, les coefficients de la substitution qui ramène cette réduite à la forme simple équivalente seront également limités.

9. La forme F, par rapport à laquelle on a opéré la réduction, peut être choisie arbitrairement parmi les formes de discriminant Δ. On pourra, si l'on veut, prendre la forme

$$\Delta^{\frac{1}{n}}(x_1^2+x_2^2+\ldots+x_n^2);$$

on aura, dans ce cas, $s=n(\bmod\Delta)^{\frac{1}{n}}$.

Les coefficients des réduites ordinaires et ceux des formes simples équivalentes aux réduites singulières seront alors limités en fonction de Δ et de n. D'ailleurs ces coefficients sont entiers. Ils ne sont donc susceptibles que d'un nombre limité de valeurs distinctes.

Toute forme G à coefficients entiers et de discriminant Δ étant équivalente à une réduite ordinaire, ou à l'une des formes simples équivalentes à une réduite singulière, on aura ce théorème :

Les formes de discriminant Δ et à coefficients entiers se répartissent en un nombre de classes limité.

II. — Transformation de deux formes équivalentes l'une dans l'autre.

10. Soient F et G deux formes quadratiques à n variables, de même déterminant Δ et à coefficients entiers et limités. Nous allons établir la proposition suivante :

Toute substitution de déterminant 1 *et à coefficients entiers qui transforme* F *en* G *est un produit de substitutions partielles de déterminant* 1, *à coefficients entiers et limités, dont la première transforme* F *en* G, *chacune des suivantes transformant* G *en elle-même.*

Cette proposition étant évidente pour les formes à une seule variable, il est clair que, dans la démonstration relative au cas de n variables, on pourra la supposer déjà établie pour moins de n variables.

11. Il existe évidemment une substitution t, à coefficients entiers ou non, mais limités, et de déterminant 1, qui transforme F en G. Toute autre substitution Σ qui opère cette transformation sera de la forme ts, s étant une substitution de déterminant 1 qui transforme G en elle-même.

On sait, d'ailleurs, que toute substitution s jouissant des propriétés ci-dessus est un produit de substitutions infinitésimales de même espèce.

12. Soient $s_1, s_2, \ldots, s_l$ ces substitutions infinitésimales. Considérons les substitutions successives

$$K_1 = s_1, \quad K_2 = s_1 s_2, \quad \ldots, \quad K_l = s_1 s_2 \ldots s_l = s.$$

Les premières substitutions de cette suite, étant infiniment peu différentes de l'unité, sont évidemment réduites; mais il peut se faire qu'à partir de l'une d'elles, K_{λ_1}, elles cessent de l'être. Supposons, pour plus de généralité, que cette circonstance se présente; on pourra déterminer une substitution S_1 telle que $K_{\lambda_1} S_1$ soit réduite. Les substitutions $K_{\lambda_1+1} S_1, \ldots$, infiniment voisines de celle-là, le seront également; si, en parcourant cette suite, on arrive à une substitution $K_{\lambda_2} S_1$ qui cesse d'être réduite, elle le deviendra en la multipliant par une substitution convenable S_2. Les substitutions $K_{\lambda_1}S_1S_2$, $K_{\lambda_1-1}S_1S_2$, ... seront réduites. Si l'on arrive à une substitution $K_{\lambda_2}S_1S_2$ qui ne le soit plus, on pourra déterminer une substitution S_3 telle, que $K_{\lambda_2}S_1S_2S_3$ le soit, et ainsi de suite. Finalement, on arrivera à une relation telle que

$$K_i S_1 S_2 \ldots S_\nu = R,$$

R désignant une substitution réduite.

On en déduit

$$\Sigma = tK_i = tR[S_1 S_2 \ldots S_\nu]^{-1}.$$

13. Soit S_α l'une quelconque des substitutions S_1, S_2, ... Dans la suite des substitutions K_1, K_2, ..., K_n, il en existe un certain nombre qui deviennent réduites, après multiplication par $S_1 S_2 \ldots S_{\alpha-1}$; celles qui leur succèdent le deviennent, après multiplication par $S_1 S_2 \ldots S_{\alpha-1} S_\alpha$. Ces substitutions formant d'ailleurs une suite continue, la transition se fera nécessairement par une substitution K_{λ_α} telle, que $K_{\lambda_\alpha}S_1S_2\ldots S_{\alpha-1}$ et $K_{\lambda_\alpha}S_1S_2\ldots S_\alpha$ soient toutes deux réduites.

Soient φ_α, et ψ_α les deux formes bilinéaires qui correspondent à ces substitutions. Toutes deux seront réduites, et il est clair que S_α transforme $\varphi_{\alpha-1}$ en ψ_α. Donc S_α et son inverse S_α^{-1} ont leurs coefficients limités en fonction du nombre des variables (n° 2). De plus, si, dans l'expression de la forme $\varphi_{\alpha-1}$,

$$\begin{aligned}\varphi_{\alpha-1} = {} & \mu_1 N(x + \varepsilon_{12} y + \ldots + \varepsilon_{1n} w) \\ & + \mu_2 N(y + \varepsilon_{23} z + \ldots + \varepsilon_{2n} w) + \ldots + \mu_n N(w),\end{aligned}$$

quelqu'un des rapports successifs $\frac{\mu_2}{\mu_1}$, ..., $\frac{\mu_n}{\mu_{n-1}}$ surpasse 2^{4n-5}, un certain nombre de coefficients de S_α s'annuleront (même numéro).

14. D'autre part, les substitutions K_{λ_1}, $K_{\lambda_1}S_1$, $K_{\lambda_1}S_1S_2$, ... étant réduites, les formes $G_0 = GK_{\lambda_1}$, $G_1 = GK_{\lambda_1}S_1$, $G_2 = GK_{\lambda_1}S_1S_2$, ... seront réduites par rapport à G. Elles se confondent d'ailleurs avec

$$G,\ GS_1,\ GS_1S_2,\ \ldots,$$

puisque les substitutions K_{λ_1}, K_{λ_2}, ... transforment G en elles-mêmes; et leurs coefficients sont entiers, puisque ceux de G, S_1, S_2, ... le sont.

Cela posé, la substitution $K_{\lambda_\alpha} S_1 \ldots S_{\alpha-1}$ étant réduite, et transformant G en $G_{\alpha-1} = GS_1 \ldots S_{\alpha-1}$, forme à coefficients entiers, les coefficients μ_1, μ_2, ... de la forme linéaire correspondante $\varphi_{\alpha-1}$ satisferont aux relations

$$\mu_k \mu_{n-k+1} \overline{\gtrless} m^{n-1}, \quad \mu_{k+1} \mu_{n-k} \overline{\gtrless} \frac{1}{m}.$$

Si, pour toute valeur de k non supérieure à $\frac{n}{2}$, on a

$$\mu_{\rho+1} \overline{\gtrless} e\mu_\rho,$$

$G_{\alpha-1}$ sera une réduite ordinaire, à coefficients limités. Supposons, au contraire, qu'il existe une valeur ρ de k pour laquelle on ait

$$\mu_{\rho+1} > e\mu_\rho.$$

Cette relation, combinée avec les deux précédentes, donnera

$$\mu_{n-\rho+1} > \frac{e}{m^n} \mu_{n-\rho}.$$

Or la quantité e ne nous est donnée que par une limite inférieure, et nous nous sommes réservé la faculté d'en disposer; supposons-la au moins égale à $2^{4n-3} m^n$. Les deux rapports $\frac{\mu_{\rho+1}}{\mu_\rho}$ et $\frac{\mu_{n-\rho+1}}{\mu_{n-\rho}}$ seront tous deux plus grands que 2^{4n-3}; et, par suite, tous ceux des coefficients β_{kl} de la substitutions S_α où l'on a simultanément

$$k > \rho, \quad l \overline{\gtrless} \rho$$

ou

$$k > n - \rho, \quad l \overline{\gtrless} n - \rho$$

s'annuleront à la fois.

15. Enfin la substitution tR a ses coefficients limités.

En effet, cette substitution, étant égale au produit des substitutions ts, S_1, ..., S_ν à coefficients entiers, aura également ses coefficients entiers.

Soit, d'ailleurs,

$$t = \begin{vmatrix} x_1 & \gamma_{11}x_1 + \ldots + \gamma_{1n}x_n \\ \ldots & \ldots\ldots\ldots\ldots\ldots \\ x_n & \gamma_{n1}x_1 + \ldots + \gamma_{nn}x_n \end{vmatrix},$$

$$R = \begin{vmatrix} x_1 & \alpha_{11}x_1 + \ldots + \alpha_{1n}x_n \\ \ldots & \ldots\ldots\ldots\ldots\ldots \\ x_n & \alpha_{n1}x_1 + \ldots + \alpha_{nn}x_n \end{vmatrix}.$$

On aura

$$tR = \begin{vmatrix} x_1 & (\gamma_{11}\alpha_{11} + \ldots + \gamma_{1n}\alpha_{n1})x_1 + \ldots \\ \ldots & \ldots\ldots\ldots\ldots\ldots\ldots\ldots \\ x_n & (\gamma_{n1}\alpha_{11} + \ldots + \gamma_{nn}\alpha_{n1})x_1 + \ldots \end{vmatrix}.$$

Le déterminant de cette substitution étant égal à 1, l'un au moins des coefficients qui y multiplient x_1 sera différent de zéro. Étant entier, son module sera au moins égal à 1. Or si Γ désigne le maximum des modules des coefficients γ (lesquels sont limités) et A le plus grand des modules des quantités $\alpha_{11}, \ldots, \alpha_{n1}$, on aura, pour le module des coefficients en question, la limite supérieure $n\Gamma A$. On aura donc

$$n\Gamma A \overset{=}{>} 1,$$

équation qui limite inférieurement A.

Cela posé, soit

$$\varphi = \mu_1 N(x_1 + \varepsilon_{12}x_2 + \ldots) + \ldots + \mu_n N(x_n)$$

la forme bilinéaire correspondante à la substitution réduite R; on aura

$$\mu_1 = N\alpha_{11} + \ldots + N\alpha_{n1} > A^2.$$

Cette relation, jointe aux suivantes

$$\mu_{k+1} \overset{=}{>} \tfrac{1}{2}\mu_k, \quad \mu_1\mu_2\ldots\mu_n = 1,$$

limitera évidemment toutes les quantités μ et, par suite, tous les coefficients α, et enfin ceux de la substitution tR.

16. Ces préliminaires posés, admettons, pour fixer les idées, que nous ayons à raisonner sur des formes à six variables, x, y, z, u, v, w; supposons, en outre :

1° Que l'on ait constamment $\frac{\mu_2}{\mu_1} < e$, $\frac{\mu_3}{\mu_2} < e$, $\frac{\mu_1}{\mu_3} < e$, pour chacune des formes $\varphi_1, \ldots, \varphi_{\alpha-1}$;

2° Que, pour les formes suivantes, $\varphi_\alpha, \ldots, \varphi_{\beta-1}$, on ait encore $\frac{\mu_1}{\mu_3} < e$, mais $\frac{\mu_2}{\mu_1} > e$, $\frac{\mu_3}{\mu_2} > e$;

3° Qu'enfin, pour les dernières formes $\varphi_\beta, \ldots, \varphi_{\nu-1}$, on ait $\frac{\mu_1}{\mu_3} < e$, $\frac{\mu_3}{\mu_2} < e$, mais $\frac{\mu_2}{\mu_1} > e$.

Les formes $G_1, \ldots, G_{\alpha-1}$, étant des réduites ordinaires, auront leurs coefficients limités. Les suivantes $G_\alpha, \ldots, G_{\beta-1}$ seront (n° 7) des réduites de l'espèce suivante :

$$(11)\qquad \left\{\begin{array}{l}(ax + by + Cz + \ldots + Fw)v \\ \quad + (a'x + b'y + C'z + \ldots + F'w)w + f(z, u).\end{array}\right.$$

Quant aux substitutions $S_{\alpha+1}, \ldots, S_\beta$, elles se réduiront (n° **14**) à la forme

$$(12)\qquad \left|\begin{array}{llll} x & \beta_{11}x + \beta_{12}y + \ldots\ldots & & \\ y & \beta_{21}x + \beta_{22}y + \ldots\ldots & & \\ z & & \beta_{33}z + \beta_{34}u + \ldots\ldots & \\ u & & \beta_{43}z + \beta_{44}u + \ldots\ldots & \\ v & & & \beta_{55}v + \beta_{56}w \\ w & & & \beta_{65}v + \beta_{66}w \end{array}\right|.$$

Les formes $G_\beta, \ldots, G_{\nu-1}$ seront des réduites singulières de l'espèce

$$(13)\qquad (ax + By + Cz \ldots + Fw)w + f(y, z, u, v),$$

et les substitutions $S_{\beta+1}, \ldots, S_\nu$ seront de la forme

$$(14) \qquad \left|\begin{array}{ll} x & \beta_{11}x + \beta_{12}y + \ldots \\ y & \beta_{22}y + \ldots \\ z & \beta_{32}y + \ldots \\ u & \beta_{42}y + \ldots \\ v & \beta_{52}y + \ldots \\ w & \beta_{66}w \end{array}\right|.$$

17. Soient respectivement I_α, I_β, $I_{\nu-1}$ les substitutions qui transforment les réduites singulières G_α, G_β, $G_{\nu-1}$ dans les formes simples H, H', H'' qui leur sont équivalentes : I_α et I_β seront de la forme

$$\left|\begin{array}{ll} x & x + \beta_{13}z + \ldots + \beta_{16}w \\ y & y + \beta_{23} \quad + \ldots + \beta_{26}w \\ z & z \\ \ldots & \ldots \\ w & w \end{array}\right|,$$

et $I_{\nu-1}$ sera de la forme

$$\left|\begin{array}{ll} x & x + \beta_{12}y + \ldots + \beta_{16}w \\ y & y \\ \ldots & \ldots \\ w & w \end{array}\right|.$$

Chacune de ces substitutions sera donc à la fois de l'espèce (12) et de l'espèce (14).

D'ailleurs G_α, bien qu'étant une réduite singulière, a encore ses coefficients limités; car c'est la transformée de $G_{\alpha-1}$ qui a ses coefficients limités par la substitution S_α, à coefficients également limités.

La même remarque s'applique à $G_{\nu-1}$. On a, en effet,

$$G = GK S_1 \ldots S_\nu R^{-1} = G_{\nu-1} S_\nu R^{-1};$$

d'où

$$G_{\nu-1} = GRS_\nu^{-1}.$$

Or G, R et $S_{\nu-1}^{-1}$ ont leurs coefficients limités.

Il résulte de là que les substitutions I_α et $I_{\nu-1}$ ont leurs coefficients limités (n° 8).

Cela posé, la substitution $S_\alpha \ldots S_\nu$, qui transforme $G_{\alpha-1}$ en G_ν, est évidemment le produit des quatre suivantes :

$$\Sigma_0 = S_\alpha I_\alpha, \quad \Sigma_1 = I_\alpha^{-1} S_{\alpha+1} \ldots S_\beta I_\beta, \quad \Sigma_2 = I_\beta^{-1} S_{\beta+1} \ldots S_{\nu-1} I_{\nu-1}, \quad \Sigma_3 = I_{\nu-1}^{-1} S_\nu,$$

qui transforment respectivement $G_{\alpha-1}$ en H, H en H′, H′ en H″, H″ en S_ν. Parmi ces substitutions, la première et la dernière ont leurs coefficients limités. On ne peut rien affirmer à cet égard pour les deux autres. Mais Σ_1, étant un produit de substitutions de l'espèce (12), sera elle-même de cette espèce. De même Σ_2 sera de l'espèce (14).

18. Nous allons établir que Σ_1 peut se mettre sous la forme

$$\Sigma_1 = Q_{\alpha+1} Q_{\alpha+2} \ldots Q_\beta,$$

$Q_{\alpha+1}, \ldots, Q_\beta$ étant des substitutions de l'espèce (12), à coefficients limités, dont la première transforme H en H′, chacune des suivantes transformant H′ en elle-même.

Tout d'abord, Σ_1 étant de l'espèce (12) et ayant l'unité pour déterminant, chacun des déterminants partiels

$$\delta = \begin{vmatrix} \beta_{11} & \beta_{12} \\ \beta_{21} & \beta_{22} \end{vmatrix}, \quad \delta_1 = \begin{vmatrix} \beta_{33} & \beta_{34} \\ \beta_{43} & \beta_{44} \end{vmatrix}, \quad \delta_2 = \begin{vmatrix} \beta_{55} & \beta_{56} \\ \beta_{65} & \beta_{66} \end{vmatrix},$$

dont le produit donne le déterminant total, sera une unité complexe.

On pourra donc poser

$$\Sigma_1 = TU,$$

T désignant la substitution

$$\begin{vmatrix} x & \delta x \\ y & y \\ z & \delta_1 z \\ u & u \\ v & \delta_2 v \\ w & w \end{vmatrix},$$

et U une nouvelle substitution de l'espèce (12), à coefficients entiers, mais dans laquelle les déterminants analogues à $\delta, \delta_1, \delta_2$ seront égaux à l'unité.

La forme HT, transformée de H par T, sera évidemment de l'espèce (11), et U la transformera en H'.

19. Soit

$$\mathrm{HT} = (ax + by + cz + \ldots)v + (\alpha x + \beta y + \gamma z + \ldots)w + f(z, u),$$
$$\mathrm{H}' = (a'x + b'y + c'z + \ldots)v + (\alpha' x + \beta' y + \gamma' z + \ldots)w + f'(z, u),$$

et enfin

$$\mathrm{U} = \begin{vmatrix} x & \beta_{11}x + \beta_{12}y + \ldots\ldots\ldots\ldots\ldots\ldots \\ y & \beta_{21}x + \beta_{22}y + \ldots\ldots\ldots\ldots\ldots\ldots \\ z & \beta_{33}z + \beta_{34}u + \ldots\ldots\ldots \\ u & \beta_{43}z + \beta_{44}u + \ldots\ldots\ldots \\ v & \beta_{55}v + \beta_{56}w \\ w & \beta_{65}v + \beta_{66}w \end{vmatrix}.$$

Il est clair que U est le produit de trois substitutions partielles L, M, N, appartenant respectivement aux espèces suivantes :

$$(15) \qquad \mathrm{L} = \begin{vmatrix} z & \beta_{33}z + \beta_{34}u \\ u & \beta_{43}z + \beta_{44}u \end{vmatrix},$$

$$(16) \qquad M = \begin{vmatrix} z & z + \beta'_{35} v + \beta'_{36} w \\ u & u + \beta'_{45} v + \beta'_{46} w \\ v & \beta_{55} v + \beta_{56} w \\ w & \beta_{65} v + \beta_{66} w \end{vmatrix},$$

$$(17) \qquad N = \begin{vmatrix} x & \beta_{11} x + \beta_{12} y + \beta'_{13} z + \ldots + \beta'_{16} w \\ y & \beta_{21} x + \beta_{22} y + \beta'_{23} z + \ldots + \beta'_{26} w \end{vmatrix}.$$

D'ailleurs, pour que U transforme HT en H′, il faut évidemment que L transforme $f(z, u)$ en $f'(z, u)$.

Le théorème étant vrai, par hypothèse, pour les formes binaires, on aura

$$L = P_1 P_2 \ldots P_m,$$

$P_1, \ldots, P_m$ étant des substitutions à coefficients limités, dont la première transforme $f(z, u)$ en $f'(z, u)$, chacune des suivantes transformant $f'(z, u)$ en elle-même.

On aura d'autre part, en vertu d'une proposition élémentaire de la théorie des substitutions linéaires,

$$M = P_{m+1} \ldots P_n,$$

$P_{m+1}, \ldots, P_n$ étant des substitutions élémentaires appartenant à l'une des six formes suivantes :

$$|z \quad z + v|, \quad |u \quad u + v|, \quad |w \quad w + v|;$$
$$|z \quad z + w|, \quad |u \quad u + w|, \quad |v \quad v + w|.$$

On aura donc

$$\Sigma_1 = TU = TP_1 P_2 \ldots P_n N,$$

$P_1, \ldots, P_n$ étant des substitutions à coefficients limités.

20. Cela pose, soient

$$H_1 = a_1 x + b_1 y + c_1 z + \ldots)v + (\alpha_1 x + \beta_1 y + \gamma_1 z + \ldots)w + f'(z, u),$$
$$\ldots\ldots\ldots\ldots\ldots\ldots\ldots\ldots\ldots\ldots\ldots\ldots$$
$$H_n = a_n x + b_n y + c_n z - \ldots)v + (\alpha_n x + \beta_n y + \gamma_n z + \ldots)w + f'(z, u)$$

les transformées de H par les substitutions successives

$$T_1 = TP_1, \quad \ldots, \quad T_n = TP_1 P_2 \ldots P_n.$$

Deux cas seront à distinguer, suivant que n sera limité ou non.

Si n ne surpasse pas une limite fixe (que nous pourrions d'ailleurs choisir à volonté), H_n, transformée de H par la substitution T_n, formée d'un nombre limité de facteurs, aura ses coefficients limités. Quant à la substitution N, ses coefficients sont déterminés complètement par les relations

$$\begin{aligned} a_n \delta_{11} + b_n \delta_{21} &= a, & \alpha_n \delta_{11} + \beta_n \delta_{21} &= \beta, \\ a_n \delta_{12} + b_n \delta_{22} &= \alpha, & \alpha_n \delta_{12} + \beta_n \delta_{22} &= \beta, \\ a_n \delta'_{13} + b_n \delta'_{23} + c_n &= c, & \alpha_n \delta'_{13} + \beta_n \delta'_{23} + \gamma_n &= \gamma, \\ \ldots\ldots\ldots\ldots&, & \ldots\ldots\ldots\ldots&, \end{aligned}$$

qui expriment que N transforme H_n en H'. Ces coefficients seront limités, car le déterminant

$$\begin{vmatrix} a_n & b_n \\ \alpha_n & \beta_n \end{vmatrix},$$

qui figure en dénominateur dans les équations résolues, est un entier différent de zéro (il entre en effet en facteur dans le déterminant Δ de la forme H_n).

21. Supposons, au contraire, que n surpasse la limite fixe

$$\lambda = (\text{norme } \Delta)^{12},$$

parmi les formes $H_n, H_{n-1}, \ldots, H_{n-\lambda}$; il en existera deux au moins, H_k

et H_l, telles que l'on ait

$$(18) \qquad a_k \equiv a_l, \quad b_k \equiv c_l, \quad c_k \equiv c_l, \quad \ldots, \quad \alpha_k \equiv \alpha_l \pmod{\Delta};$$

car le nombre des systèmes de restes distincts que peut fournir un système de douze entiers par rapport à Δ est égal, comme on sait, à $(\text{norme}\,\Delta)^{12}$.

Soit, pour fixer les idées, $k > l$. Il existera une substitution N′ de l'espèce (17), et qui transforme H_k en H_l. Ses coefficients seront déterminés par les équations

$$a_k\beta_{11} + b_k\beta_{21} = a_l, \quad \alpha_k\beta_{11} + \beta_k\beta_{21} = \alpha_l,$$
$$\ldots\ldots\ldots\ldots, \quad \ldots\ldots\ldots\ldots,$$

et seront évidemment entiers, leurs numérateurs ne différant de leur dénominateur que par des multiples de Δ, qui lui-même est un multiple du dénominateur.

Cela posé, Σ_1 sera évidemment égal au produit des deux substitutions

$$\Sigma_1' = TP_1 \ldots P_k N' P_{l+1} \ldots P_n,$$
$$\Theta = (N' P_{l+1} \ldots P_n)^{-1} P_{k+1} \ldots P_n N,$$

dont la première transforme H en H′, tandis que la seconde transforme H′ en elle-même.

Les substitutions de l'espèce P étant évidemment permutables au groupe formé par les substitutions de l'espèce (17), on pourra écrire

$$\Sigma_1' = TP_1 P_k P_{l+1} \ldots P_n N_1,$$
$$\Theta = [P_{l+1} \ldots P_n]^{-1} P_{k+1} \ldots P_n N_2,$$

N_1 et N_2 étant encore de l'espèce (17).

Le nombre des facteurs P qui figurent dans l'expression Θ étant limité, la transformée h' de H′ par $[P_{l+1} \ldots P_n]^{-1} P_{k+1} \ldots P_n$ aura ses coefficients limités; la substitution N_2, qui transforme h' en H′, aura également ses coefficients limités (20). Donc Θ a ses coefficients limités.

Quant à la substitution Σ_1', elle est analogue à Σ_1, mais contient moins de facteurs P dans son expression. Si elle en contient encore plus de (norme $\Delta)^{t^2}$, on la décomposera de même en un produit de deux substitutions, et ainsi de suite.

La proposition énoncée au n° 18 est donc démontrée.

22. On verra, de la même manière, que Σ_2 peut se mettre sous la forme $Q_{\delta+1}\ldots Q_\lambda$, où $Q_{\delta+1}, \ldots, Q_\lambda$ désignent des substitutions à coefficients limités, dont la première transforme H′ en H″, chacune des suivantes transformant H″ en elle-même.

23. Cela posé, substituons dans l'équation

$$\Sigma = t\mathrm{R}(\mathrm{S}_1\ldots\mathrm{S}_\nu)^{-1} = t\mathrm{R}(\mathrm{S}_1\ldots\mathrm{S}_{\alpha-1}\Sigma_0\Sigma_1\Sigma_2\Sigma_3)^{-1} = t\mathrm{R}\Sigma_3^{-1}(\mathrm{S}_1\ldots\mathrm{S}_{\alpha-1}\Sigma_0\Sigma_1\Sigma_2)^{-1}$$

à la place de Σ_1, Σ_2 leurs valeurs

$$Q_{\alpha+1}\ldots Q_\delta \text{ et } Q_{\delta+1}\ldots Q_\lambda.$$

Écrivons en outre, pour plus de symétrie, $Q_1, \ldots, Q_{\alpha-1}, Q_\alpha$ à la place de $S_1, \ldots, S_{\alpha-1}, \Sigma_0$, il viendra

$$\Sigma = t\mathrm{R}\Sigma_3^{-1}(Q_1Q_2\ldots Q_\lambda)^{-1}.$$

Chacune des formes

$$\Gamma_1 = \mathrm{G}Q_1, \quad \ldots, \quad \Gamma_\lambda = \mathrm{G}Q_1Q_2\ldots Q_\lambda$$

sera, d'après ce qui précède, l'une des réduites ordinaires $G_1, \ldots, G_{\alpha-1}$ ou l'une des formes simples H, H′, H″.

Or on a vu que les réduites ordinaires et les formes simples sont en nombre limité (§ I). Soit μ leur nombre. La suite $\Gamma_1, \ldots, \Gamma_\lambda$ ne pourra contenir plus de μ formes distinctes.

24. Cela posé, si $\lambda \leqq \mu$, Σ ne contenant qu'un nombre limité de facteurs aura ses coefficients limités.

Soit, au contraire, $\lambda > \mu$. Dans la série des formes $\Gamma_1, \ldots, \Gamma_{\mu+1}$, il en existera au moins deux, Γ_k et Γ_l, identiques entre elles.

Supposons $k < l$. On aura évidemment

$$Q_1 \ldots Q_\lambda = Q_1 \ldots Q_l (Q_1 \ldots Q_k)^{-1} Q_1 \ldots Q_k Q_{l+1} \ldots Q_\lambda,$$

et, par suite,

$$\Sigma = \Sigma' \Theta,$$

en posant

$$\Sigma' = t R \Sigma_3^{-1} (Q_1 \ldots Q_k Q_{l+1} \ldots Q_\lambda)^{-1},$$
$$\Theta = Q_1 \ldots Q_k (Q_1 \ldots Q_l)^{-1}.$$

Or Θ transforme évidemment G en elle-même et a ses coefficients limités, car c'est un produit d'un nombre limité de facteurs.

Quant à Σ', elle transforme F en G; elle est d'ailleurs de même forme que Σ, mais contient moins de facteurs de l'espèce Q. Si elle en contient encore plus de μ, on la décomposera de même en un produit de deux facteurs, et ainsi de suite.

Le théorème est donc démontré.

III. — Représentations d'une forme a moins de n variables par une forme a n variables.

25. La recherche des représentations d'un nombre ou d'une forme quadratique à moins de n variables par une forme à n variables se ramène, comme on va le voir, au problème de l'équivalence des formes et de leurs transformations en elles-mêmes. (La représentation des nombres n'est évidemment autre chose que la représentation des formes à une seule variable.)

Considérons, pour fixer les idées, les représentations d'une forme binaire F(X, Y) par une forme quaternaire $f(x, y, z, u)$.

Soient

$$(19) \quad x = m_1 X + n_1 Y, \quad y = m_2 X + n_2 Y, \quad \ldots, \quad u = m_4 X + n_4 Y$$

une des représentations cherchées; δ le plus grand commun diviseur des déterminants $m_1 n_2 - m_2 n_1, \ldots$; D et d les discriminants de F et de f, que nous supposerons différents de zéro; D *sera un multiple de* δ^2.

En effet, soient x', y', z', u' et X', Y' des variables liées à x, y, z, u et à X, Y par des substitutions linéaires de déterminant 1. En choisissant convenablement les coefficients des substitutions, on pourra mettre les relations (19) sous la forme canonique

$$x' = m'_1 X', \quad y' = m'_2 X' + n'_2 Y', \quad z' = 0, \quad u' = 0.$$

Quant à la relation

$$F(X, Y) = f(x, y, z, u),$$

elle deviendra

$$\Phi(X', Y') = \varphi(x', y', z', u') = \varphi(m'_1 X', m'_2 X' + n'_2 Y'_0, 0),$$

en désignant par Φ et φ les transformées de F et de f.

Le discriminant de Φ, qui n'est autre que D, est donc divisible par le carré de $m'_1 n'_2$. D'ailleurs δ_1 n'étant pas altéré par les changements de variables qui ont été opérés, n est autre que $m'_1 n'_2$.

26. Ce point établi, posons

$$(20) \qquad \left\{\begin{array}{l} x = m_1 X + n_1 Y + p_1 Z + q_1 U, \\ \ldots\ldots\ldots\ldots\ldots\ldots\ldots, \\ u = m_4 X + n_4 Y + p_4 Z + q_4 U, \end{array}\right.$$

les entiers p, q étant choisis de telle sorte que le déterminant de la substitution se réduise à δ. Il viendra

$$f(x, y, z, u) = G(X, Y, Z, U),$$

G désignant une forme de discriminant $d\delta^2$, et qui se réduit à $F(X, Y)$ pour $Z = U = 0$.

A chaque représentation de F correspondant à la valeur donnée de δ répondront donc autant de transformations de f en une forme de l'espèce G qu'il y a de manières de choisir les entiers p, q.

Cherchons le lieu de ces transformations.

Soit

$$(21)\qquad \begin{cases} x \quad m_1 X' + n_1 Y' + p'_1 Z' + q'_1 U', \\ \dots\dots\dots\dots\dots\dots\dots\dots, \\ u \quad m_4 X' + n_4 Y' + p'_4 Z' + q'_4 U' \end{cases}$$

une autre transformation. On aura

$$f(x, y, z, u) = G'(X', Y', Z', U') = G(X, Y, Z, U).$$

Les équations (20) et (21) permettront d'ailleurs d'exprimer X, Y, Z, U par des fonctions linéaires de X', Y', Z', U', dont les coefficients n'ont pas d'autre dénominateur que le déterminant δ.

D'ailleurs, pour $x = m_1, y = m_2, z = m_3, u = m_4$, on aura à la fois

$$X = 1, \quad Y = Z = U = 0 \quad \text{et} \quad X' = 1, \quad Y' = Z' = U = 0.$$

Pour $x = n_1, \dots, u = n_4$, on a de même

$$Y = 1, \quad X = Z = U = 0 \quad \text{et} \quad Y' = 1, \quad X' = Y' = Z' = 0.$$

Les relations entre X, Y, Z, U et X', Y', Z', U' sont donc de la forme

$$(22)\qquad \begin{cases} X = X' + \dfrac{a_1 Z' + b_1 U'}{\delta}, & Z = \dfrac{a_3 Z' + b_3 U'}{\delta}; \\ Y = Y' + \dfrac{a_2 Z' + b_2 U'}{\delta}, & U = \dfrac{a_4 Z' + b_4 U'}{\delta}; \end{cases}$$

les a, b étant des entiers qui doivent être choisis de telle sorte que, en substituant les valeurs précédentes dans (20), on obtienne pour $x, \dots, u$ des valeurs en $X', \dots, U'$, où les coefficients de Z', U' soient entiers. De plus, le déterminant de la substitution (22) étant l'unité, on devra avoir

$$a_3 b_4 - a_4 b_3 = \delta^2.$$

En particulier, toute substitution E de la forme

$$(23)\qquad \begin{cases} X = X' + \alpha_1 Z' + \beta_1 U', & Z = \alpha_3 Z' + \beta_3 U', \\ Y = Y' + \alpha_2 Z' + \beta_2 U' & U = \alpha_4 Z' + \beta_4 U', \end{cases}$$

où les α, β sont des entiers tels que $\alpha_3\beta_1 - \alpha_4\beta_3 = 1$, rentrera dans le type précédent.

27. Une substitution quelconque S du type (22) peut d'ailleurs se mettre sous la forme LE, E désignant une substitution du type (23) et L une substitution du type (22), où tous les coefficients a, b sont limités.

Opérons, en effet, sur les seconds membres des relations (22) qui définissent S, la substitution

$$\begin{vmatrix} Z' & \alpha_3 Z' + \beta_3 U' \\ U' & \alpha_4 Z' + \beta_4 U' \end{vmatrix} = E_1.$$

On obtiendra une nouvelle substitution SE_1, où le coefficient a_4 se trouve remplacé par $a_4\alpha_3 + b_4\alpha_4$. On peut trouver pour α_3 et α_4 deux valeurs premières entre elles, qui annulent cette expression, et déterminer ensuite β_3, β_4 de telle sorte qu'on ait

$$\alpha_3\beta_4 - \alpha_4\beta_3 = 1.$$

SE_1 est une substitution de même forme que S, mais où le coefficient a_4 a disparu. L'équation $a_3 b_4 - a_4 b_3 = \delta^2$ se réduira à $a_3 b_4 = \delta^2$ et limitera les coefficients a_3 et b_4.

Formons maintenant la substitution $SE_1E_2 = L$, E_2 désignant une substitution de la forme

$$\begin{vmatrix} X' & X' + \alpha_1 Z' + \beta_1 U' \\ Y' & Y' + \alpha_2 Z' + \beta_2 U' \\ Z' & Z' + \beta_3 U' \end{vmatrix}.$$

Elle sera de même forme que SE_1; on pourra d'ailleurs déterminer α_1, β_1, α_2, β_2, β_3, de telle sorte qu'en appelant $a'_1, b'_1, a'_2, b'_2, b'_3$ les nouveaux coefficients correspondants à $a_1, b_1, \ldots, b_3$, les quantités $\frac{a'_1}{\delta}, \frac{b'_1}{\delta}, \frac{a'_2}{\delta}, \frac{b'_2}{\delta}, \frac{b'_3}{a_3}$ aient leur partie réelle et leur partie imaginaire comprises entre $-\frac{1}{2}$ et $\frac{1}{2}$.

Tous les coefficients de L seront donc limités; on aura d'ailleurs

$$S = L(E_1 E_2)^{-1} = LE.$$

On doit remarquer que cette décomposition de S en un produit de deux substitutions partielles s'opère par un procédé exempt de toute ambiguïté.

28. Nous dirons que deux formes de l'espèce G, c'est-à-dire de discriminant $d\delta^2$, et qui se réduisent à $F(X, Y)$ pour $Z = U = 0$, sont *équivalentes* si elles sont transformables l'une dans l'autre par une substitution de l'espèce S; *entièrement équivalentes* si elles sont transformables l'une dans l'autre par une substitution de l'espèce E.

Toute forme G *est entièrement équivalente à une réduite où les coefficients sont limités en fonction de* D *et de* d.

En effet, soit

$$G = F(X, Y) + 2(A_1 X + A_2 Y)Z + 2(B_1 X + B_2 Y)U + \varphi(Z, U).$$

On pourra écrire

$$G = F(X + \lambda_1 Z + \mu_1 U,\ Y + \lambda_2 Z + \mu_2 U) + \frac{\psi(Z, U)}{D},$$

$\lambda_1, \mu_1, \lambda_2, \mu_2$ étant des quantités rationnelles de dénominateur D et ψ une fonction à coefficients entiers.

En effet, λ_1 et λ_2 seront déterminés par la relation

$$2(A_1 X + A_2 Y) = \lambda_1 \frac{\partial F}{\partial X} + \lambda_2 \frac{\partial F}{\partial Y} = \frac{\partial F(\lambda_1, \lambda_2)}{\partial \lambda_1} X + \frac{\partial F(\lambda_1, \lambda_2)}{\partial \lambda_2} Y.$$

Égalant séparément à zéro les termes en X et Y, on aura deux équations linéaires en λ_1 et λ_2, dont le déterminant est D.

On aura un résultat analogue pour μ_1 et μ_2.

On a, d'autre part,

$$\begin{aligned}\psi(Z, U) &= D\varphi(Z, U) - D\,F(\lambda_1 Z + \mu_1 U, \lambda_2 Z + \mu_2 U)\\ &= D\varphi(Z, U) - D\left\{ F(\lambda_1, \lambda_2) Z^2 + \left[\mu_1 \frac{\partial F(\lambda_1, \lambda_2)}{\partial \lambda_1} + \mu_2 \frac{\partial F(\lambda_1, \lambda_2)}{\partial \lambda_2}\right] ZU \right.\\ &\qquad \left. + F(\mu_1, \mu_2) U^2 .\right\}\end{aligned}$$

D'ailleurs,

$$F(\lambda_1, \lambda_2) = \frac{1}{2}\left[\lambda_1 \frac{\partial F(\lambda_1, \lambda_2)}{d\lambda_1} + \lambda_2 \frac{\partial F(\lambda_1, \lambda_2)}{d\lambda_2}\right], \; \ldots$$

Enfin,

$$D\lambda_1, \; D\lambda_2, \; \ldots, \; \frac{1}{2} \frac{\partial F(\lambda_1, \lambda_2)}{d\lambda_1}, \; \ldots$$

sont entiers. Donc $\psi(Z, U)$ a bien ses coefficients entiers.

Soit Δ le discriminant de cette fonction. On aura

$$\text{discr.}\, G = D \frac{\Delta}{D^2} = d\delta^2,$$

d'où

$$\Delta = Dd\delta^2.$$

Cela posé, on pourra, par une substitution de la forme

$$T = \begin{vmatrix} Z & \alpha_3 Z + \beta_3 U \\ U & \alpha_4 Z + \beta_4 U \end{vmatrix},$$

transformer $\psi(Z, U)$ en une réduite $\psi'(Z, U)$, dont les coefficients soient limités en fonction de Δ.

La transformée de G, par la substitution T, sera de la forme

$$F(X + \lambda'_1 Z + \mu'_1 U, Y + \lambda'_2 Z + \mu'_2 U) + \frac{\psi'(Z, U)}{D}.$$

Effectuant ensuite sur X et Y une substitution de la forme

$$\Theta = \begin{vmatrix} X & X + \alpha_1 Z + \beta_1 U \\ Y & Y + \alpha_2 Z + \beta_2 U \end{vmatrix},$$

on pourra ramener λ'_1, μ'_1, λ'_2, μ'_2 à avoir leur partie réelle et leur partie imaginaire comprises entre $-\frac{1}{2}$ et $\frac{1}{2}$; F se trouvera donc transformée en une réduite équivalente R, dont tous les coefficients sont limités.

29. Le système de ces réduites pourra être formé *a priori*, en prenant successivement pour $\psi'(Z, U)$ toutes les réduites de déterminant Δ, et pour λ'_1, μ'_1, λ'_2, μ'_2 les divers systèmes de fractions qui ont D pour dénominateur, et jouissent de la double propriété d'être contenus dans les limites assignées et de rendre entiers les coefficients de la forme R.

Les réduites ainsi obtenues peuvent être équivalentes entre elles, et même entièrement équivalentes, car la substitution T employée dans la réduction peut en général être choisie d'une infinité de manières différentes. Il y a donc lieu de rechercher si deux réduites R et R' sont équivalentes, et quelles sont les substitutions qui permettent de passer de l'une à l'autre.

30. Soit LE l'une de ces substitutions inconnues; on aura

$$\text{RLE} = \text{R}'. \tag{24}$$

Cette équation montre que la forme RL doit être entièrement équivalente à R'. Ses coefficients seront donc entiers, et, parmi les diverses formes dont la substitution L est susceptible, on ne devra essayer que celles qui satisfont à cette condition.

Donnons à L une de ces dernières valeurs, et cherchons à déterminer E de manière à satisfaire à l'équation (24). R et L ayant leurs coefficients limités, il en sera de même de RL; et, parmil es substitutions à coefficients entiers susceptibles de la réduire, il en existera évidemment une, E_1, dont les coefficients sont limités. Soient $R_1 = RLE_1$ la réduite obtenue; on aura, en posant, pour abréger,

$$E = E_1 E',$$

$$RLE_1E' = R_1E' = R'. \tag{25}$$

Soient

$$R_1 = F(X + \lambda_1 Z + \mu_1 U, Y + \lambda_2 Z + \mu_2 U) + \frac{\psi(Z, U)}{D},$$

$$R' = F(X + \lambda'_1 Z + \mu'_1 U, Y + \lambda'_2 Z + \mu'_2 U) + \frac{\psi'(Z, U)}{D}.$$

On pourra évidemment poser, d'autre part,

$$E' = T\Theta,$$

T désignant une substitution de la forme

$$\left|\begin{matrix} Z & \alpha_3 Z + \beta_3 U \\ Y & \alpha_4 Z + \beta_4 U \end{matrix}\right|,$$

et Θ une substitution de la forme

$$\left|\begin{matrix} X & X + \alpha_1 Z + \beta_1 U \\ Y & Y + \alpha_2 Z + \beta_2 U \end{matrix}\right|.$$

Pour que E' transforme R_1 en R', il faut évidemment que T transforme $\psi(Z, U)$ en $\psi'(Z, U)$. Si donc il n'existe aucune substitution qui satisfasse à cette condition, la transformation sera impossible. Dans le cas contraire, on sait que les substitutions T auront pour forme générale $T_1\Sigma$, T_1 étant une des substitutions cherchées, à coefficients limités, et Σ une substitution qui transforme $\psi'(Z, U)$ en elle-même, laquelle sera d'ailleurs un produit de substitutions de même nature, $s_1, s_2, \ldots$ à coefficients limités.

Cela posé, $R_1 T_1$ sera de la forme

$$(26) \qquad F(X - \lambda''_1 Z + \mu''_1 U,\ Y + \lambda''_2 Z + \mu''_2 U) + \frac{\psi'(Z, U)}{D},$$

et pourra être réduite par une substitution Θ_1 de l'espèce Θ, à coefficients évidemment limités. La réduite obtenue $R_2 = R_1 T_1 \Theta_1$ sera encore de la forme (26). Enfin, l'équation (25) deviendra

$$R_2 \Theta_1 \Sigma \Theta = R'.$$

Si l'on remarque que Σ est permutable au groupe formé par les substitutions Θ, cette équation pourra s'écrire sous la forme plus simple

$$R_2\Sigma\Theta_2 = R', \quad \text{ou} \quad RLE_1T_1\Theta_1\Sigma\Theta_2 = R',$$

Θ_2 étant une substitution de l'espèce Θ, à déterminer convenablement.

31. Nous allons démontrer que $LE_1T_1\Theta_1\Sigma\Theta_2$ est un produit de substitutions à coefficients limités, dont la première transforme R en R', tandis que les autres transforment R' en elle-même.

Soit, en effet, l le nombre évidemment limité des réduites du n° **29**, et soit, d'autre part,

$$\Sigma = s_1 s_2 \ldots s_m.$$

1° Si $m < 2l$, Σ, étant un produit de substitutions à coefficients limités et en nombre limité, aura ses coefficients limités. La forme $R_2\Sigma$ aura également ses coefficients limités; la substitution Θ_2, qu'il faut opérer pour la réduire, aura ses coefficients limités; et enfin il en sera de même de

$$LE_1T_1\Theta_1\Sigma\Theta_2.$$

2° Soit, au contraire, $m > 2l$. Considérons les formes

$$R'_0 = R_2 s_1 s_2 \ldots s_m, \quad R'_1 = R_2 s_1 s_2 \ldots s_{m-1}, \quad \ldots, \quad R'_l = R_2 s_1 \ldots s_{m-l}.$$

Elles sont toutes de l'espèce (26) et leurs réduites,

$$R'_0\Theta_0, \ \ldots, \ R'_l\Theta_l,$$

seront de la même forme. Leur nombre étant $> l$, deux d'entre elles au moins seront identiques. Soit, par exemple,

$$(27) \qquad R'_\lambda\Theta_\lambda = R'_\mu\Theta_\mu \quad \text{et} \quad \mu > \lambda,$$

$LE_1T_1\Theta_1\Sigma\Theta_2$ sera identiquement égal au produit des deux substitutions suivantes :

$$LE_1T_1\Theta_1 s_1 s_2 \ldots s_{m-\lambda}\Theta_\lambda\Theta_\mu^{-1}s_{m-\mu+1}\ldots s_m\Theta_2$$
$$[\Theta_\lambda\Theta_\mu^{-1}s_{m-\mu+1}\ldots s_m\Theta_2]^{-1}s_{m-\lambda+1}\ldots s_m\Theta_2,$$

dont la première transforme évidemment R en R′, en vertu de l'équation (27). Donc la seconde transformera R′ en elle-même.

Si nous remarquons que les substitutions s sont permutables au groupe formé par les substitutions Θ, nous pourrons mettre ces substitutions sous la forme

$$(28)\qquad LE_1T_1\Theta_1 s_1 s_2 \ldots s_{m-\lambda}s_{m-\mu+1}\ldots s_m\Theta_3,$$

$$(29)\qquad [s_{m-\mu+1}\ldots s_m]^{-1}s_{m-\lambda+1}\ldots s_m\Theta_4 = S\Theta_4,$$

Θ_3 et Θ_4 étant des substitutions de l'espèce Θ.

Cela posé, S étant un produit d'un nombre limité de facteurs aura ses coefficients limités ; il en sera de même de la forme R_2S, laquelle est de l'espèce (26). La substitution Θ_4, nécessaire pour achever la réduction, sera également limitée. Enfin, il en sera de même pour le produit $S\Theta_4$.

Quant à la substitution (28), elle contient moins de facteurs s que celle dont on était parti. Si elle en contient encore plus de $2l$, on pourra la décomposer de même en un produit de deux substitutions.

32. Pour résoudre le problème de la représentation de la forme F par la forme f, il faudra donc former les réduites R ; chercher si plusieurs de ces réduites sont équivalentes entre elles ; effacer les réduites qui font double emploi, de manière à n'en conserver qu'une dans chaque classe.

Pour que la représentation soit possible, il est nécessaire que f contienne une des réduites restantes.

Si cette condition est satisfaite, on pourra former, suivant les règles posées au § II, les transformations de f en ces diverses réduites.

A chaque transformation de f en l'une de ces réduites, telle que R, correspondra une représentation de F par f. Mais ces représentations

tations ne seront pas toutes distinctes, car chacune d'elles comprend tout un groupe de transformations, qui s'obtiennent en combinant l'une d'elles avec les substitutions de l'espèce S qui transforment R en elle-même.

Nous avons d'ailleurs indiqué le moyen de construire ces dernières substitutions.

IV. — Formes de discriminant zéro.

33. Les formes de discriminant zéro ont été exclues de l'analyse qui précède ; mais elles peuvent s'y ramener aisément.

Soit, en effet, $\varphi(x_1 \ldots x_n)$ une semblable forme. Le discriminant étant nul, par hypothèse, les équations

$$\frac{d\varphi}{dx_1} = 0, \quad \ldots, \quad \frac{d\varphi}{dx_n} = 0$$

ne seront pas distinctes. On pourra donc y satisfaire sans annuler à la fois toutes les variables ; elles détermineront seulement les rapports de ces variables, pour lesquels elles donneront d'ailleurs des valeurs rationnelles. On pourra donc y satisfaire par un système de valeurs entières de $x_1, \ldots, x_n$, tel que $\alpha_1, \ldots, \alpha_n$.

Il est d'ailleurs permis de supposer que $\alpha_1, \ldots, \alpha_n$ ont pour plus grand commun diviseur l'unité, car si ces nombres avaient un facteur commun, on pourrait le supprimer sans altérer leurs rapports.

Cela posé, soient $\beta_1, \ldots, \beta_n$; $\gamma_1, \ldots, \gamma_n, \ldots$ des entiers tels que le déterminant

$$\begin{vmatrix} \beta_1 & \gamma_1 & \ldots & \alpha_1 \\ \ldots & \ldots & \ldots & \ldots \\ \beta_n & \gamma_n & \ldots & \alpha_n \end{vmatrix}$$

soit égal à l'unité. Effectuons sur φ la substitution

$$\begin{vmatrix} x_1 & \beta_1 x_1 + \gamma_1 x_2 + \ldots + \alpha_1 x_n \\ \ldots & \ldots\ldots\ldots\ldots\ldots\ldots \\ x_n & \beta_n x_1 + \gamma_n x_2 + \ldots + \alpha_n x_n \end{vmatrix},$$

La transformée φ' ne contiendra plus x_n, car les coefficients des termes en x_n^2, $x_n x_1$, .., sont respectivement

$$\varphi(\alpha_1, \ldots, \alpha_n) = \frac{1}{2}\left(\frac{\partial\varphi}{\partial\alpha_1}\alpha_1 + \ldots + \frac{\partial\varphi}{\partial\alpha_n}\alpha_n\right),$$
$$\frac{\partial\varphi}{\partial\alpha_1}\beta_1 + \ldots + \frac{\partial\varphi}{\partial\alpha_n}\beta_n,$$
$$\ldots\ldots\ldots\ldots\ldots\ldots,$$

et s'annulent en vertu des relations

$$\frac{\partial\varphi}{\partial\alpha_1} = 0, \quad \ldots, \quad \frac{\partial\varphi}{\partial\alpha_n} = 0.$$

Si φ', considéré comme fonction de $x_1, \ldots, x_{n-1}$, a encore zéro pour discriminant, on pourra, par une substitution linéaire de déterminant 1, en faire disparaître une nouvelle variable, et ainsi de suite.

On pourra donc, en général, par une substitution s de déterminant 1, transformer φ en une nouvelle forme $\varphi s = f$, ne contenant plus que $n - \nu$ variables $x_1, \ldots, x_{n-\nu}$, et dont le discriminant, par rapport à ces variables, ne soit pas nul.

Soit d'ailleurs d le discriminant de f par rapport à ces $n - \nu$ variables. On pourra, s'il est nécessaire, opérer une substitution nouvelle sur ces variables, de manière que les coefficients de la nouvelle forme soient limités en fonction de d.

34. Cela posé, cherchons les représentations d'une forme $\Phi(X_1, \ldots, X_m)$ à m variables par une forme $\varphi(x_1, \ldots, x_n)$ à n variables, dans le cas où les discriminants de ces formes sont nuls. Soient

$$\Phi S = F(X_1, \ldots, X_{m-\mu}),$$
$$\varphi s = f(x_1, \ldots, x_{n-\nu}),$$

les deux formes à $m - \mu$ et à $n - \nu$ variables, de discriminants D et d non nuls, et à coefficients limités en fonction du discriminant, auxquelles on peut ramener respectivement les formes Φ et φ.

Il est clair que les représentations de Φ par φ seront données par les substitutions sTS^{-1}, T désignant l'une des substitutions qui transforment f en F.

Soit

$$T = \begin{vmatrix} x_1 & \alpha_1 X_1 + \ldots + \gamma_1 X_{m-\mu} + \delta_1 X_{m-\mu+1} + \ldots + \lambda_1 X_m \\ \ldots & \ldots\ldots\ldots\ldots\ldots\ldots\ldots\ldots\ldots \\ x_{n-\nu} & \alpha_{n-\nu} X_1 + \ldots + \gamma_{n-\nu} X_{m-\mu} + \delta_{n-\nu} X_{m-\mu+1} + \ldots + \lambda_{n-\nu} X_m \\ \ldots & \ldots\ldots\ldots\ldots\ldots\ldots\ldots\ldots\ldots \\ x_n & \alpha_n X_1 + \ldots + \gamma_n X_{m-\mu} + \delta_n X_{m-\mu+1} + \ldots + \lambda_n X_m \end{vmatrix}$$

une de ces dernières substitutions.

Voyons à quelles conditions devront satisfaire ses coefficients.

Tout d'abord, f ne contenant pas les variables $x_{n-\nu+1}, \ldots, x_n$, il est clair que sa transformée ne dépend pas des coefficients $\alpha_{n-\nu+1}, \ldots, \lambda_{n-\nu+1}, \ldots, \alpha_n, \ldots, \lambda_n$. Ceux-ci seront donc absolument arbitraires.

En second lieu, $X_{m-\mu+1}, \ldots, X_m$ ne figurant pas dans F, qui, par hypothèse, est la transformée de f, la substitution

$$T' = \begin{vmatrix} x_1 & \alpha_1 X_1 + \ldots + \gamma_1 X_{m-\mu} \\ \ldots & \ldots\ldots\ldots\ldots \\ x_{n-\nu} & \alpha_{n-\nu} X_1 + \ldots + \gamma_{n-\nu} X_{m-\mu} \end{vmatrix}$$

sera l'une des représentations de F par f. Elle ne contient d'ailleurs que les variables qui figurent dans ces deux formes. La détermination des diverses formes dont T' est susceptible peut donc se faire par la méthode du § III.

Il ne reste plus qu'à déterminer les coefficients $\delta_1, \ldots, \lambda_1, \ldots, \delta_{n-\nu}, \ldots, \lambda_{n-\nu}$, de telle sorte que $X_{m-\mu+1}, \ldots, X_n$ ne figurent pas dans la transformée de f par T.

35. Les coefficients $\alpha_1, \ldots, \gamma_{n-\nu}$ étant supposés déterminés, cherchons

à assigner aux fonctions

$$\begin{array}{l}\varphi_1 = \delta_1 X_{m-\mu+1} + \ldots + \lambda_1 X_m,\\ \ldots\ldots\ldots\ldots\ldots\ldots\ldots\ldots,\\ \varphi_{n-\nu} = \delta_{n-\nu} X_{m-\mu+1} + \ldots + \lambda_{n-\nu} X_m\end{array}$$

des valeurs telles que la condition précédente soit satisfaite.

Parmi les fonctions

$$\begin{array}{l}\psi_1 = \alpha_1 X_1 + \ldots + \gamma_1 X_{m-\mu},\\ \ldots\ldots\ldots\ldots\ldots\ldots\ldots\ldots,\\ \psi_{n-\nu} = \alpha_{n-\nu} X_1 + \ldots + \gamma_{n-\nu} X_{m-\mu}\end{array}$$

des $m-\mu$ variables $X_1, \ldots, X_{m-\mu}$, il y en a $m-\mu$ qui sont distinctes, car la fonction $f(\psi_1, \ldots, \psi_{n-\nu}) = F(X_1, \ldots, X_{m-\mu})$ ayant son discriminant $\gtrless 0$ dépend de $m-\mu$ variables distinctes.

Si nous posons, pour abréger,

$$n-\nu-(m-\mu) = k,$$

on pourra déterminer $n-\nu$ fonctions linéaires

$$\begin{array}{l}\psi'_1 = a_1\psi_1 + \ldots + c_1 \psi_{n-\nu},\\ \ldots\ldots\ldots\ldots\ldots\ldots\ldots\ldots\\ \psi'_{n-\nu} = a_{n-\nu}\psi_1 + \ldots + c_{n-\nu}\psi_{n-\nu}\end{array}$$

de $\psi_1, \ldots, \psi_{n-\nu}$ de déterminant 1, et telles que l'on ait

$$\begin{array}{l}\psi'_1 = \ldots = \psi'_k = 0,\\ \psi'_{k+1} = A_{11} X_1,\\ \psi'_{k+2} = A_{21} X_1 + A_{22} X_2,\\ \ldots\ldots\ldots\ldots\ldots\ldots\\ \psi'_{n-\nu} = A_{m-\mu,1} X_1 + \ldots + A_{m-\mu,m-\mu} X_{m-\mu},\end{array}$$

le produit $A_{11} A_{22} \ldots A_{m-\mu,m-\mu} = \delta$ étant le plus grand commun diviseur des déterminants d'ordre $m-\mu$ formés avec les coefficients $\alpha_1, \ldots, \gamma_1$; $\alpha_{n-\nu}, \ldots, \gamma_{n-\nu}$ et son carré étant un diviseur du discriminant D de la forme F.

Prenons pour variables indépendantes, à la place de $x_1, \ldots, x_{n-\nu}$, les quantités

$$\begin{aligned} y_1 &= a_{11}x_1 + \ldots + a_{1,n-\nu}x_{n-\nu},\\ &\ldots\ldots\ldots\ldots\ldots\ldots,\\ y_{n-\nu} &= a_{n-\nu,1}x_1 + \ldots + a_{n-\nu,n-\nu}x_{n-\nu}, \end{aligned}$$

et posons, pour abréger,

$$(30)\qquad \left\{\begin{aligned} \varphi'_1 &= a_{11}\varphi_1 + \ldots + a_{1,n-\nu}\varphi_{n-\nu},\\ &\ldots\ldots\ldots\ldots\ldots\ldots,\\ \varphi'_{n-\nu} &= a_{n-\nu,1}\varphi_1 + \ldots + a_{n-\nu,n-\nu}\varphi_{n-\nu}. \end{aligned}\right.$$

La substitution T remplace évidemment

$$\begin{array}{ll} y_1 & \text{par}\quad \varphi'_1,\\ \ldots & \ldots,\\ y_k & \varphi'_k,\\ y_{k+1} & A_{11}X_1 + \varphi'_{k+1},\\ \ldots & \ldots\ldots\ldots,\\ y_{n-\nu} & A_{m-\mu,1}X_1 + \ldots + A_{m-\mu,m-\mu}X_{m-\mu} + \varphi'_{n-\nu}. \end{array}$$

Soit $f'(y_1, \ldots, y_{n-\nu})$ ce que devient la fonction f exprimée par ces nouvelles variables; on aura l'équation

$$f'(\varphi'_1, \ldots, \varphi'_k, A_{11}X_1 + \varphi'_{k+1}, \ldots) = F(X_1, \ldots, X_{m-\mu}),$$

laquelle est satisfaite, par hypothèse, si les fonctions φ' sont toutes nulles.

Il reste à déterminer ces fonctions de la manière la plus générale possible, de telle sorte qu'elles disparaissent du premier membre de cette équation. Cela fait, les fonctions φ seront déterminées par les équations (30).

36. Développons le premier membre de l'équation. Les termes qui contiennent $\varphi'_1, \ldots, \varphi'_{n-\nu}$ seront les suivants :

$$f'(\varphi'_1, \ldots \varphi'_{n-\nu}) + A_{11} X_1 \frac{\partial f'}{\partial \varphi'_{k+1}} + (A_{21} X_1 + A_{22} X_2) \frac{\partial f'}{\partial \varphi'_{k+2}} + \ldots,$$

et, pour qu'ils s'annulent, quels que soient $X_1, X_2, \ldots$, il faudra évidemment qu'on ait

$$(31) \qquad \frac{\partial f'}{\partial \varphi'_{k+1}} = 0, \quad \frac{\partial f'}{\partial \varphi'_{k+2}} = 0, \quad \ldots$$

$$(32) \qquad f''(\varphi'_1, \ldots, \varphi'_{n-\nu}) = 0.$$

Les conditions (31), linéaires par rapport aux fonctions φ', auront une solution générale de la forme

$$(33) \qquad \left\{ \begin{array}{l} \varphi'_1 = b_{11}\chi_1 + \ldots + b_{1k}\chi_k, \\ \ldots\ldots\ldots\ldots\ldots\ldots\ldots, \\ \varphi'_{n-\nu} = b_{n-\nu,1}\chi_1 + \ldots + b_{n-\nu,k}\chi_k, \end{array} \right.$$

$b_{11}, \ldots, b_{n-\nu,k}$ étant des entiers constants et $\chi_1, \ldots, \chi_k$ des fonctions arbitraires. Ces valeurs, substituées dans l'équation (32), donneront entre les fonctions χ une équation de condition du second degré, telle que

$$f''(\chi_1, \ldots, \chi_k) = 0.$$

Si le déterminant de f'' est nul, on pourra (33) remplacer $\chi_1, \ldots, \chi_k$ par de nouvelles inconnues $z_1, \ldots, z_k$, telles que quelques-unes d'entre elles $z_{l+1}, \ldots, z_k$ disparaissent de l'équation transformée, et que le discriminant du premier membre, par rapport aux variables restantes $z_1, \ldots, z_l$, ne soit plus nul.

La détermination de $\chi_1, \ldots, \chi_k$ se ramènera évidemment à celle de $z_1, \ldots, z_k$.

Soit

$$\Psi(z_1, \ldots, z_l) = 0$$

l'équation transformée. Les fonctions $z_{i+1}, \ldots, z_k$, qui n'y figurent pas, pourront être choisies arbitrairement. Il ne reste plus qu'à déterminer $z_1, \ldots, z_i$.

37. Nous nous trouvons donc conduits à résoudre le problème suivant :

Étant données une forme quadratique $\Psi(Z_1, \ldots, Z_i)$ à i variables et de discriminant $\gtrless 0$, et des indéterminées $X_{m-\mu+1}, \ldots, X_m$, trouver un système de fonctions $z_1, \ldots, z_i$ de ces indéterminées, telles que l'on ait identiquement

$$\Psi(z_1, \ldots, z_i) = 0. \tag{34}$$

Admettons que nous connaissions un système de semblables fonctions $z_1, \ldots, z_i$ des indéterminées X, et que, dans le nombre, il y en ait λ linéairement distinctes. On pourra déterminer λ fonctions $u_1, \ldots, u_\lambda$ des indéterminées X, telles que l'on ait

$$\begin{aligned} z_1 &= \alpha_{11} u_1 + \ldots + \alpha_{1\lambda} u_\lambda, \\ &\ldots\ldots\ldots\ldots\ldots\ldots \\ z_i &= \alpha_{i1} u_1 + \ldots + \alpha_{i\lambda} u_\lambda, \end{aligned}$$

$\alpha_{11}, \ldots, \alpha_{i\lambda}$ étant des entiers.

On pourra, d'ailleurs, déterminer un système de fonctions linéaires

$$\left\{\begin{aligned} z'_1 &= \beta_{11} z_1 + \ldots + \beta_{1i} z_i, \\ &\ldots\ldots\ldots\ldots\ldots\ldots, \\ z'_i &= \beta_{i1} z_1 + \ldots + \beta_{ii} z_i, \end{aligned}\right. \tag{35}$$

de déterminant 1, et telles que l'on ait les formules plus simples

$$\begin{aligned} z'_1 &= B_{11} u_1 + \ldots + B_{1\lambda} u_\lambda, \\ z'_2 &= B_{21} u_2 + \ldots + B_{2\lambda} u_\lambda, \\ &\ldots\ldots\ldots\ldots\ldots\ldots, \\ z'_\lambda &= \qquad\qquad B_{\lambda\lambda} u_\lambda, \\ z'_{\lambda+1} &= \ldots = z'_i = 0. \end{aligned}$$

Posons

$$(36)\qquad \begin{cases} Z'_1 = \beta_{11} Z_1 + \ldots + \beta_{1i} Z_i, \\ \ldots\ldots\ldots\ldots\ldots\ldots\ldots, \\ Z'_i = \beta_{i1} Z_1 + \ldots + \beta_{ii} Z_i, \end{cases}$$

et soit

$$\Psi'(Z'_1, \ldots, Z'_i)$$

ce que devient la fonction $\Psi(Z_1, \ldots, Z_i)$ exprimée au moyen de ces nouvelles variables.

L'équation de condition (34) deviendra

$$\Psi'(z'_1, \ldots, z'_\lambda, 0, \ldots, 0) = 0,$$

et comme $u_1, \ldots, u_\lambda$ et, par suite, $z'_1, \ldots, z'_\lambda$ sont linéairement distinctes, elle devra se réduire à une identité; on aura donc

$$(37)\qquad \Psi'(Z'_1, \ldots, Z'_\lambda, 0, \ldots, 0) = 0.$$

La forme Ψ sera donc équivalente à une forme Ψ', dans laquelle tous les termes du second degré par rapport aux λ premières variables $Z'_1, \ldots, Z'_\lambda$ sont identiquement nuls.

On peut remarquer ici que l'existence de cette forme Ψ' serait impossible si λ surpassait $\frac{1}{2} i$. En effet, son discriminant serait nul en vertu de l'identité (37), tandis qu'il doit être égal au déterminant de Ψ, lequel est différent de zéro.

38. Réciproquement, toute transformation de Ψ en une forme équivalente Ψ' jouissant de cette propriété permettra de déterminer un système de fonctions $z_1, \ldots, z_i$ dépendant de λ fonctions distinctes et tel que l'on ait identiquement

$$\Psi(z_1, \ldots, z_i) = 0.$$

Soit, en effet,

$$\begin{aligned} Z'_1 &= \beta_{11} Z_1 + \ldots + \beta_{1i} Z_i, \\ &\ldots\ldots\ldots\ldots\ldots\ldots\ldots, \\ Z'_i &= \beta_{i1} Z_1 + \ldots + \beta_{ii} Z_i \end{aligned}$$

la substitution par laquelle on passe de la forme $\Psi(Z_1, \ldots, Z_l)$ à son équivalente $\Psi'(Z'_1, \ldots, Z'_l)$.

Soient $z'_1, \ldots, z'_\lambda$ des fonctions arbitraires des variables X, et soient $z_1, \ldots, z_l$ de nouvelles fonctions déterminées par les relations

$$\begin{aligned} z'_1 &= \beta_{11} z_1 + \ldots + \beta_{1l} z_l, \\ &\ldots\ldots\ldots\ldots\ldots\ldots, \\ z'_\lambda &= \beta_{\lambda 1} z_1 + \ldots + \beta_{\lambda l} z_l, \\ 0 &= \beta_{\lambda+1,1} z_1 + \ldots + \beta_{\lambda+1,l} z_l, \\ &\ldots\ldots\ldots\ldots\ldots\ldots, \\ 0 &= \beta_{l1} z_1 + \ldots + \beta_{ll} z_l. \end{aligned}$$

L'équation

$$\Psi'(Z'_1, \ldots, Z'_\lambda, 0, \ldots, 0) = 0$$

se réduisant à une identité, on aura

$$\begin{aligned} 0 &= \Psi'(z'_1, \ldots, z'_\lambda, 0, \ldots, 0), \\ &= \Psi'(\beta_{11} z_1 + \ldots + \beta_{1l} z_l, \ldots, \beta_{l1} z_1 + \ldots + \beta_{ll} z_l), \\ &= \Psi(z_1, \ldots, z_l). \end{aligned}$$

39. On peut d'ailleurs remarquer que, si l'on connaît une transformation de $\Psi(Z_1, \ldots, Z_l)$ en une forme équivalente $\Psi'(Z'_1, \ldots, Z'_l)$, dans laquelle on ait identiquement $\Psi'(Z'_1, \ldots, Z'_\lambda, 0, \ldots) = 0$, on en déduira une infinité de transformations de même nature. En effet, si l'on opère sur les nouvelles variables $Z'_1, \ldots, Z'_l$ une substitution quelconque de l'espèce suivante :

$$(38) \qquad \left| \begin{array}{ll} Z'_1 & \gamma_{11} Z'_1 + \ldots + \gamma_{1\lambda} Z'_\lambda + \ldots + \gamma_{1l} Z'_l \\ \ldots & \ldots\ldots\ldots\ldots\ldots\ldots \\ Z'_\lambda & \gamma_{\lambda 1} Z'_1 + \ldots + \gamma_{\lambda\lambda} Z'_\lambda + \ldots + \gamma_{\lambda l} Z'_l \\ Z'_{\lambda+1} & \qquad \gamma_{\lambda+1,\lambda+1} Z'_{\lambda+1} + \ldots + \gamma_{\lambda+1,l} Z'_l \\ \ldots & \ldots\ldots\ldots\ldots\ldots\ldots \\ Z'_l & \qquad \gamma_{l,\lambda+1} Z'_{\lambda+1} + \ldots + \gamma_{l,l} Z'_l \end{array} \right|,$$

on transformera Ψ' en une nouvelle forme Ψ'' jouissant évidemment de la même propriété. En outre, il est clair que les systèmes de valeurs des fonctions $z_1, \ldots, z_i$ obtenus par la considération de Ψ' ou de Ψ'' seront les mêmes.

Si donc nous considérons comme appartenant à une même famille les diverses formes Ψ' équivalentes à Ψ et qui se déduisent l'une de l'autre par une substitution de l'espèce (38), il suffira, pour déterminer tous les systèmes de fonctions $z_1, \ldots, z_i$, de considérer dans chaque famille une forme Ψ' et de chercher ses diverses transformations dans la forme Ψ.

40. Or il est aisé de voir que chaque classe contient une forme simple dont tous les coefficients sont limités en fonction du déterminant Δ de la forme Φ.

Supposons, pour fixer les idées, $\lambda = 2$, $i = 6$, et désignons les variables $Z_1, \ldots, Z_6$, pour plus de simplicité, par x, y, z, u, v, w. La condition

$$\Psi'(x, y, 0, 0, 0, 0) = 0$$

montre que Ψ' sera de la forme

$$(az + bu + cv + dw)x + (a'z + b'u + c'v + d'w)y \\ + \text{fonct.}(z, u, v, w).$$

Effectuant sur cette expression une substitution de la forme

$$\left| \begin{array}{ll} x & \alpha x + \beta y \\ y & \alpha_1 x + \beta_1 y \\ z & \gamma z + \ldots + \delta w \\ \ldots & \ldots\ldots\ldots\ldots\ldots \\ w & \gamma_3 z + \ldots + \delta_3 w \end{array} \right|$$

et de déterminant 1, laquelle est de l'espèce (38), on pourra la réduire à une expression de la forme

$$\mathrm{A}xz + \mathrm{B}yu + \text{fonct.}(z, u, v, w),$$

ou, en réunissant ensemble tous les termes qui contiennent z ou u en facteur,

$$(Ax + Cz + Du + Ev + Fw)z + (By + D'u + E'v + F'w)u \\ + \text{fonct.}(v, w).$$

Le déterminant Δ de cette expression est égal à $A^2B^2\Delta'$, Δ' désignant le déterminant de la fonction quadratique en v, w. Donc A, B et Δ' sont limités.

Par une transformation opérée sur v, w, on pourra faire en sorte que les coefficients de ladite forme quadratique soient limités.

Enfin, par une substitution de la forme

$$\begin{vmatrix} x & x + \lambda z + \lambda' u + \ldots + \lambda''' w \\ y & y + \lambda_1 z + \lambda'_1 u + \ldots + \lambda'''_1 w \end{vmatrix},$$

on pourra réduire les coefficients C, D, E, F, D', E', F' de telle sorte que leurs normes ne soient pas supérieures à $\frac{1}{2}$ norme A et à $\frac{1}{2}$ norme B.

La forme réduite obtenue aura donc tous ses coefficients limités.

Les formes simples dans lesquelles toutes les fonctions Ψ' peuvent être ainsi transformées sont donc en nombre limité, et pourront être formées *a priori*. Il restera à reconnaître celles de ces formes simples qui appartiennent à une même famille, afin de n'en conserver qu'une seule, et enfin à déterminer les transformations de Ψ' dans chacune des formes restantes. Ces deux questions ont été résolues au § III.

www.ingramcontent.com/pod-product-compliance
Lightning Source LLC
Chambersburg PA
CBHW030315220326
41519CB00068B/3717
9782012749757